防火管理专业教育教学模式研究与实践

主编　刘明彦　孙红梅

北京邮电大学出版社
www.buptpress.com

内 容 简 介

本书围绕专业培养目标的达成度、社会需求的适应度、师资和条件的支撑度、质量保证运行的有效度、学生和用人单位的满意度等核心指向，以专业自身重点建设取得的效果为叙述点，展现专业人才培养模式不断创新的建设过程。本书创新点主要体现在人才培养方案、校企合作联盟建设、"小专业""集团化"实训基地建设理论与实践、校企一体化匠型人才培养、信息化助力专业建设等方面。

本书适合从事高等职业教育的教师、管理者、校企合作企业人员，以及关注职业教育人士阅读、借鉴，以推动现代职业教育向前发展。

图书在版编目(CIP)数据

防火管理专业教育教学模式研究与实践 / 刘明彦，孙红梅主编. -- 北京：北京邮电大学出版社，2023.5

ISBN 978-7-5635-6824-6

Ⅰ. ①防… Ⅱ. ①刘… ②孙… Ⅲ. ①防火—安全管理—教学模式—研究—高等职业教育 Ⅳ. ①X932

中国版本图书馆 CIP 数据核字(2022)第 236394 号

策划编辑：张向杰　　责任编辑：廖　娟　　责任校对：张会良　　封面设计：七星博纳

出版发行：北京邮电大学出版社
社　　　址：北京市海淀区西土城路 10 号
邮政编码：100876
发 行 部：电话：010-62282185　传真：010-62283578
E-mail：publish@bupt.edu.cn
经　　　销：各地新华书店
印　　　刷：北京虎彩文化传播有限公司
开　　　本：720 mm×1 000 mm　1/16
印　　　张：10.75
字　　　数：223 千字
版　　　次：2023 年 5 月第 1 版
印　　　次：2023 年 5 月第 1 次印刷

ISBN 978-7-5635-6824-6　　　　　　　　　　　　　　　　　定价：38.00 元

前　言

《防火管理专业教育教学模式研究与实践》是对其专业从 2005 年到 2020 年间的教育教学过程总结,对专业团队所开展的"深入覃思""不懈笃行"探索实践的点点滴滴进行一次全面、系统的回顾和梳理。本书将主要内容放在专业建设过程中的教学环节成果的挖掘上,并把有效的理论与实践结果总结出来,以推动下一步专业建设向纵深发展,不断创建专业教育教学新模式,不断涌现紧贴专业领域需求的教育教学活动新局面,不断提高专业人才培养质量和专业服务社会能力水平。

本书基于高等职业教育中学校和企业两个重要主体在专业人才培养方案、校企合作、一体化育人、专业信息化等方面取得的成果,并将校企共建专业中的重要环节、理论创新、实践创新予以展示。全书共分为六章,第一章主要介绍专业建设发展与概述、专业建设思考与实践、专业建设理论与创新以及专业建设固本与展望,第二章介绍专业人才培养方案诊改与释析,第三章介绍专业"一对多"校企合作联盟新模式,第四章介绍专业"小专业""集团化"建设理论与实践,第五章介绍专业匠型人才培养实践之路,第六章介绍信息化助力专业匠型人才培养。本书内容以省级教育教学课题研究成果为基础,以专业自身的建设实践为来源。

专业建设得到了辽宁公安司法管理干部学院(辽宁政法职业学院)的支持和鼓励,得到了学院领导亲自指导和帮助,得到了学院教务处、科研处以及相关部门的大力配合和支持,专业教师积极参与其中并努力工作,崔丽艳教授(高级工程师)在专业建设的动议和人才素质培养上做了积极的开拓性工作。各方的勤劳付出和无私奉献使得专业建设水平发展到较高程度,培养人才能力得到了企业充分认可,在此表示由衷的感谢。

本书献给积极参与高等职业教育教学改革进程,努力为社会提供优质服务产品的辽宁公安司法管理干部学院(辽宁政法职业学院)防火管理专业(工程技术方向)团队成员们,以及关注、关心、关爱高等职业教育发展的各界人士。

本书由全国公安系统优秀教师、辽宁省优秀教师、辽宁省职业教育教学名师奖获得者、辽宁省高职教育专业带头人、辽宁省高职教育示范专业建设负责人、辽宁省高职精品课程建设负责人、全国物联网人才培养众创联盟副理事长刘明彦教授和辽宁省巾帼建功立业荣誉称号获得者、全国高职教师信息化大赛一等奖获得者、辽宁省教学成果二等奖获得者、专业建设负责人孙红梅副教授共同编写。由于编者水平有限,书中难免存在不足和错误,恳请读者批评、指正。

编　者

目　　录

第一章　绪　　篇

　　辽宁公安司法管理干部学院(辽宁政法职业学院)防火管理专业(工程技术方向)于2004年申办,从2005年开始招生至今已有17年,累计培养学生近千人,截至2020年,毕业学生已有13届。以专业建设成果为引领的专业群有3000多名学生受益。在实践中,专业建设不断地追寻高职教育的时代变化和自身发展规律,积极探索专业教学的本质和内涵,不断汲取先进的教育教学理念,并结合实际进行理论创新与实践探索,努力办出特色,使防火管理专业(工程技术方向)建设取得了丰硕的成果,得到了很大的发展,培养的学生已成为辽宁地区消防工程及消防管理行业不可或缺的人才,并辐射到环渤海地区,受到了社会广泛赞誉。由于自身理论基础建设较完整,实践基础建立比较牢固,专业建设达到了较高水平,这不仅体现在产教融合、校企合作、工学结合上,还体现在专业培养人才能力、教育教学研究能力上,以及对其基本规律的认知能力、把控能力上。

第一节　专业建设发展与概述

　　专业建设事关学生的就业质量和职业生涯发展,影响着学校的核心竞争力。专业自2005年开办以来,就以国家高等职业教育政策为引领,结合专业建设实际开展校企合作办学、合作育人、合作就业、合作发展的产教融合教育教学之路,不断进行专业理论与实践创新来指导教育教学活动,努力实现全员育人、全程育人、全方位育人。

一、专业建设初始阶段(2004—2006年)

　　专业建设从开办伊始就以教育部印发的《关于以就业为导向深化高等职业教育改革的若干意见》(教高〔2004〕1号)和《关于全面提高高等职业教育教学质量的若干意见》(教高〔2006〕16号)文件为指导,"坚持培养面向生产、建设、管理、服务第一线需要的'下得去、留得住、用得上',实践能力强、具有良好职业道德的高技能人才"为目标。专业建设以"2+1"①校企合作模式展开教育教学活动,教育教学活动以体现学习、理

---

　　① "2+1":指在专业学生3年的学习时间中,2年在学校学习,1年在企业实习。专业学生1年在企业顶岗实习与高教〔2006〕16号文件中的"在校生至少有半年时间到企业等用人单位顶岗实习"的要求相符合。

解、消化高职职业教育政策文件精神为主,在学生走向顶岗实习①(实践教学)之前,专业于 2006 年 12 月召开了由政府部门、研究单位、企事业单位参加的"产学研"研讨会,落实高职教育必须走"产学研"之路的要求,为专业建设指明了方向,奠定了基础,研讨会成果在日后的发展中发挥着非常重要的作用。也可以说,这个时期是专业建设的初始探索阶段。

二、专业建设提升阶段(2007—2010 年)

此间,全国高等职业教育进入示范专业、优秀团队、精品课程、专业带头人建设的中末期,专业建设从提高内涵的角度来看,也希望能搭上这趟"末班车"。因此,在专业建设过程中,专业着重把师资队伍建设、课程内涵建设和与企业合作放在人才培养的突出位置。2008 年,专业被确定为院级品牌专业;2008 年,"消防工程 CAD 课程"被评为省级精品课程;2009 年,专业团队被确定为院级优秀教学团队;2010 年,团队带头人获得省级高等职业教育专业带头人称号。其间,专业有 2 个省级教育教学改革科研项目获得立项,这为全面提升专业建设水平提供了理论上的探索平台和实践上的行为指向,也为专业后续建设,尤其为专业系统理论研究打下了坚实的基础。此时,基于 13 家企业的校企合作已初步建立,学生顶岗实习的学习条件有了基本保障。专业的产教融合、校企合作进入 1.0 时期。

三、专业建设成熟阶段(2011—2015 年)

以 2012 年"小专业""大集团"防火管理专业(工程技术方向)校企合作研讨会为节点,校企共同凝聚了"小专业"②"集团化"③概念,产教得到深入融合,专业建设进入全面成熟发展阶段。一是专业先建立了有 40 多家企业参与的校企合作联盟,后形成了"小专业""集团化"办学模式,深化了产教融合、校企合作;二是团队成员全部获得专业对应的职业资格证书或至少有三年以上企业经历,这极大地提升了教学质量和为企事业服务的能力;三是专业获得中央财政支持的专业服务社会能力提升项目立项,项目资金为 130 万元,建设了先进的工程绘图实训室、工程预算实训室、安防系统实训室、物联网实训室,以及专业建设的其他项目;四是教育教学理论与实践继续以获批的省级教育科学课题项目的形式,进行深入专业建设研究;五是专业建设在省级教学评估中受到评估专家们的充分肯定,给予 A 级评价。2014 年,团队负责人获得省级职业教育教学名师奖荣誉称号。专业的产教融合、校企合作进入 2.0 时代和 3.0 时代。

---

① 顶岗实习:包括习岗、跟岗、顶岗过程,这一过程在本书中统称为"顶岗实习"。

② "小专业":指防火管理专业(工程技术方向)本身,相对于背靠行业企业领域而言是一个小众专业。

③ "集团化":指将基于联盟的校企合作体看作一个校企一体化育人的集团。"集团化"概念始于 2012 年的校企研讨会上。

四、专业建设接近现代职业教育阶段(2016—2020 年)

2016 年,专业召开了"防火管理专业落实高职创新行动发展计划"校企对接座谈会,座谈会探讨了专业典型工作过程、课堂教学、教材编写、产教融合等问题,与企业达成全面、深入合作事宜,形成了学校主体和企业主体双主体办学格局,使顶岗实习过程更具有企业元素。课堂教学常常由企业人员授课,教师与师傅不断互动交流,教师和企业技术人员共同编写教材,先后编写了《物联网技术概论》《避难诱导与现场救助项目案例教程》《建筑消防给水系统项目应用教程》《AutoCAD 2014 消防工程项目教程》等校本教材。同时,团队主要成员获得了"2016 年教育部信息化大赛"一等奖、"2017年、2018 年省教育厅信息化大赛"一、二等奖,专业建设获得 2018 年省教学成果二等奖,出版了专著《高职教育创新与社会服务》。学校与企业的融合体现了现代职业教育特征基本要求,2017 年、2018 年、2019 年培养的毕业生就业时供不应求,并开启了专业建设新征程。专业的产教融合、校企合作进入全面共建的 4.0 时期。

第二节 专业建设思考与实践

专业建设是一个涉及政策认知、师资队伍、教育教学、课程设置、实习实训、企业合作等诸多因素的综合性过程,其建设过程一定要遵循高等职业教育规律,坚持灵活性与可持续性相结合的原则,要强化专业建设的前瞻性,要提高专业能力的适应性,要加强专业建设的开放性,要保证专业建设的可靠性。为此,建立一支素质高、能力强、结构合理、责任心强的专业队伍成为专业建设的首要任务。

一、以搭建高水平专业教育教学团队为己任

一流的专业教学团队是确保专业建设水平不断提升的根本。在学院党委的正确领导下,在主管领导具体指导下,专业建设团队在专业教学和学生管理两个方面进行建设与管理。专业教学团队由高学历、专业化、敢为人先的人员组成,同时将企业优秀人员吸收到专业教学团队中来;学生管理团队由有思想、能力强、乐于奉献的人员组成,与企业师傅共同实现育人目标。

为此,教学团队负责人由有近十年(当时)一直在职业教育第一线的骨干教师担任,专业核心课程授课任务由团队成员担任,团队成员均具有硕士学位,且来自企业一线,具备相应的职业资格证书,若教师没有企业经验,则会第一时间将其送到企业生产一线锻炼,使之成为既懂生产与管理,又能高质量教学的行家里手。经过持续不断的专业建设发展,教学团队获得了辽宁省教学成果二等奖,以及国家财政支持的专业服

务能力建设项目;其成员在省精品课、信息化大赛等方面也获得佳绩,专业负责人获得了辽宁省巾帼建功立业标兵、全国信息化大赛一等奖、最受学生欢迎教师等嘉奖。学生素质与能力的培养离不开学生管理团队的贴心服务,而团队的管理水平直接影响着学生的培养质量,所以团队从配备伊始就要从严要求,达不到要求的成员坚决弃用,并不断采取措施提高团队成员的管理水平。专业先后有两名辅导员荣获辽宁省高等院校学生就业先进工作者称号,使其服务这一软实力发挥应有的作用。专业团队的成功组建,为日后专业建设发展奠定了坚实的基础。

二、设计符合实际要求的人才培养方案

以 2006 年 12 月召开的防火管理专业(工程技术方向)"产学研"研讨会(也是专业建设指导委员会首次会议)为标识,人才培养方案在各方面专家的参与下,第一次得到了系统的修订和完善,强调构建"一核心,三重点,一必备"为核心的课程体系,要求学生取得毕业证书和相应资格证书完成学校人才培养过程,专业教育教学实行"2+1"校企人才培养模式(并称之为"2007 年版人才培养方案")。专业建设指导委员会成员(研讨会与会人员)为省市消防管理部门专家、部级研究单位专家、消防工程建设单位专家、消防系统运行管理单位专家。研讨会上,学院要求未来专业建设在三个基本能力上下功夫培养:一是要培养学生思考的能力,二是要培养学生协调和沟通的能力,三是要培养学生实践的能力,为终身学习打下基础。同时,要注意专业定位、课程设置、实习实训、考核方式四个问题。这些要求和问题在人才培养方案制订和执行中,结合专业自身实际有针对性地进行了落实和解决,有效提升了人才培养质量。2012 年 5 月,专业秉承办学离不开企业的深刻认识,召开了"小专业""大集团"防火管理专业(工程技术方向)校企合作研讨会;2016 年 4 月,专业召开了"防火管理专业落实高职创新行动发展计划"校企对接座谈会,专家们进一步对人才培养方案并提出建议和修改意见。

三、人才培养方案的有效执行

专业建设团队认真学习领会 2004 年、2006 年、2011 年、2014 年、2015 年、2018 年、2019 年教育部陆续出台的高等职业教育有关文件精神,不断消化研讨会成果,不断加深对高等职业教育内涵的理解,客观分析专业人才培养为辽宁经济社会发展服务的支撑点和着落点,以及人才培养方案实施的校内条件和外部环境因素影响,充分发挥学校和企业两个主体能动性,积极落实人才培养方案的实施。在学校两年的理论学习中,始终以专业核心课程为中心,时刻专注核心课程授课情况,不断分析出现的问题,遇疑难问题请专业建设委员会专家进行会诊,给出改进意见,及时加以纠正和解决。一年的企业顶岗实习,按照双向选择方式进行。首先,企业提出用人条件和岗位

要求,学生视企业情况自愿报名;然后,企业依学生报名情况进入面试环节,如果双方有意愿,则签订顶岗实习协议;最后,学生进入企业岗前培训、安全教育环节。在学生离开学校前,企业和学校为其购买实习保险。这种选送学生进行顶岗实习的方式的最大特点在于学生毕业时,顶岗实习企业很可能就是学生第一次就业的企业。顶岗实习期间实行学校老师和企业师傅双导师制度,把职业教育教学活动落到了实处,产教融合、校企合作、工学结合也得到了深化且有效展开,人才培养方案的实施有了根本保障。

四、全面开展校园文化素质教育活动

专业以每年文化系列活动为依托,开展校园文化活动,全员参加,通过活动培养人、教育人,全面提高学生人文素质。活动适时采取竞赛、评比、交流等方式,提升学生的参与度和活动质量。活动有规定项目和自选项目,项目比例约为6:1,规定项目面向全系学生设置,自选项目主要基于各个专业设置,并以学年为周期,从2005年专业开办一直延续到现在。活动以社会主义核心价值观为引领,结合警营文化特点,彰显纪律严明,传承红色基因,以学院第一任院长阎宝航同志等老一辈革命家的事迹为主要内容,不忘革命本色。在每年的主题活动中,至少设计一个适合学生参加的项目,这就要求每名学生必须参加相应的活动,活动情况作为评价学生的重要依据。与此同时,邀请劳动模范、先进人物、优秀毕业生回校做报告,讲人生、讲奋斗史,树立以德立身服务社会意识。实践证明,活动育人是提升学生素质和提高学生就业能力的有效手段。

五、不断深入开展产教融合校企合作

专业开办之初就坚定地走产学研之路,走校企合作之路。然而,政策很丰满,现实很骨感。刚刚开展的校企合作时有不尽人意的情况出现,专业教师克服困难,走访企业,寻访专业中介机构,积极主动向企业提出合作的可能。功夫不负有心人,"果实"往往会回馈给不断耕耘者。专业第一届学生在2007年顶岗实习时都找到了顶岗实习企业,这一年共有12家企业和1个中介公司与专业进行了初次校企合作,虽然合作还算顺利,但是当时的合作还比较松散,无论是合作协议内容,还是合作方式都比较简单。随着新企业的不断加入,产教融合、校企合作不断深入,合作运作不断规范,工学结合空间也更为广阔。"一对多"校企合作联盟的建立并以联盟为依托,有近50家企业参与创建了"小专业""集团化"实习实训基地建设体系,有效保障了校企共同培养人才,学生的培养质量也在逐年提高。毕业5年后,有一大批学生成为消防行业企业的经理或部门负责人,有的到知名地产企业做消防总监;毕业10年后,仍有60%的学生还在从事专业岗位工作。据不完全统计,毕业不到10年,有10多名学生月薪过万元。

2019 年的顶岗实习季,83 名顶岗实习学生全部被企业聘用,专业培养的学生呈现出与当地企业分不开,业内都认同的局面。多年来,毕业时绝大部分顶岗实习学生都会被企业直接聘为正式员工。

专业建设过程可概括为:专业办学站位要有"高度",以创新合作办学体制机制;人才培养要有"维度",以丰富人才培养合作模式;产学融合要有"深度",以壮大内外实训基地建设;发展步伐要有"力度",以推进高职教育转型升级[①]。做到"课程建设核心化、队伍建设专业化、基地建设联盟化、活动建设品牌化"。培养学生具备"十个力"的职业基本素养,即"品质力、技能力、责任力、自觉力、领悟力、创新力、敬业力、奉献力、学习力、跨界力"[②]。

第三节　专业建设理论与创新

育人为根,教研为本,是专业办好的立足点。在专业建设中必须要有清醒的认识,既要有不断转变观念和社会发展同步的思想理念,还要具备锲而不舍的创新发展的行动力。实践证明,教师要想获得教学能力拓展,教研是重要的发展途径。通过教研,教师可增强认识专业教育教学规律,认识产教融合、校企合作的职教本质,解决教育与生产"两张皮"的问题;通过教研,教师可以推进专业与职业标准对接,落实"1＋X"制度,解决学生"学非所用""用非所学"的问题;通过教研,教师可以促进教学过程与生产过程的对接,改变教学形态,提高教学的有效性。同时,高质量的教材、实训基地和网络教学资源建设,同样都离不开教研工作的支撑作用[③]。

一、持续不断加强政策理论学习

教高〔2004〕1 号和教高〔2006〕16 号是指导专业的初始建设阶段两个重要文件,并以此开启专业建设活动。2011 年,教育部出台一系列推进高职发展文件(如《关于充分发挥行业指导作用推进职业教育改革发展的意见》等)进一步指导、推进、规范高等职业教育。其间,专业建设正处于发展关键期,文件指导具有雪中送炭之感。2014 年,国务院颁发了《关于加快发展现代职业教育的决定》。2015 年,教育部印发了《关于建立职业院校教学工作诊断与改进制度的通知》《关于深入推进职业教育集团化办学的意见》《关于深化职业教育教学改革全面提高人才培养质量的若干意见》和《现代

---

① 姚小英,等.产教融合有经纬　匠心筑梦展德技[N].中国教育报.2018-8-24(4).
② 李津军.立足社会的这些职业素养你具备吗?[N].中国教育报.2017-2-14(4).
③ 崔发周.诊改效果好不好　科研也要量一量[N].中国教育报.2019-6-18(11).

职业教育体系建设规划(2014—2020 年)》等指导性政策文件,要求尽快促进现代职业教育体系的建立,专业建设按照政策文件要求和自身建设实际,深入研究了专业发展规律,不断进行理论创新和实践创新。2018 年,教育部等六个部门印发《职业学校校企合作促进办法》。2019 年,国务院印发《国家职业教育改革实施方案》《实施中国特色高水平高职学校和专业建设计划》《"学历证书＋若干职业技能等级证书"制度试点方案》,这些政策文件又进一步指明了当前职业教育的方向,以诊视专业,强化所长,补其所短,持续不断提升专业建设水平。编者整理出 2000—2019 年国务院、教育部关于高等职业教育改革发展 25 个重要文件清单(详见附录1)。

二、持续不断加强队伍自身能力建设

团队建设水平决定着专业建设能达到怎样的高度。团队通过自身的不断发展,影响力不断提高,吸引了行业专家、企业一线技术骨干力量积极参与到人才培养当中,团队建设主要措施:一是组织成员定期分析研究专业建设情况,学习先进教育教学理念;二是帮助、指导专业年轻教师进行教学活动和参与企业实践,不断提高青年教师执教能力;三是尽可能提供机会让专业教师进行学习,提高专业建设站位;四是强化团队成员执行好教学任务,尤其是学生顶岗实习环节的教育教学任务。团队负责人被选为辽宁省职业教育教学名师和计算机信息管理专业带头人,团队形成了良好的"传、帮、带"团队建设文化。团队建设主要经历四个阶段,第一阶段为组建高水平团队建设阶段,第二阶段为团队共同认知高等职业教育内涵阶段,第三阶段为团队不断进行理论创新与实践创新阶段,第四阶段为团队校内外成员深入融合一体化育人阶段。经过不懈努力,专业师资队伍已经达到较高水平,驾驭专业的能力能够与现代职业教育的要求相适应。团队成员学历高,都具有硕士学位和相应职业资格证书,如国家一二级建造师、注册消防工程师、注册安全工程师、系统分析师、网络工程师及其他工程师等证书,并且每年都到企业进行实地调研锻炼。

团队建设负责人作为推进现代高等职业教育体系建设实践的操作者,适时引领师资队伍建设的方向,以不断自我反思、自我对照的忧患意识加强团队建设。自我反思就是针对传统观念去审视专业走过的路;自我对照就是不断与国家政策规划的要求相对照,找差距,想方设法缩短差距。如此,团队建设才能始终保持改革创新的正确方向。

三、持续不断开展理论研究与实践探索

坚持将先进的职教理念与专业教育教学状况紧密结合起来,从自身实际出发解决问题,不断深入开展专业系统理论研究,探索解决问题之道,支撑专业教育教学实践,

提升为社会服务的能力。专业先后提出了"一对多"①校企合作联盟②、动态式"订单"③培养、"小专业""集团化"基地建设、匠型人才培养等理念,指导专业建设发展。实践证明,运用这些概念或理论开展的人才培养,其实现途径与方式、校企合作机制等与后续的国家政策要求非常契合,符合现代职业教育建设目标要求,在理论研究方面具有前瞻性和创新性,在实践运用方面具有指导性和操作性。本书正是以专业建设理论与实践创新为平台,以申报批准立项的省级教育教学改革项目和省教育科学规划课题为依托,将理论和实践的研究成果整理成册,以飨读者。研究的过程其实也是诊断的过程,只有充分把握每一次的诊视机会,专业建设水平才能从认识到提高、再到认识、创新再提高,形成专业自身的发展特色。

从 2011 年到 2018 年,编者针对本专业主持立项结项省级教育教学科研课题项目 7 个④,学院项目 3 个,国家级专业建设项目 1 个⑤,发明专利 1 项⑥,省级专业教学成果二等奖 1 项⑦。这些理论科学研究成果和项目建设的完成是长期学习思考的智慧,是日常工作养成的习惯,是思维方式训练的沉淀,是知识积累到一定程度引发的"薄发",不仅不会影响教书育人,而且会为上课和实训夯实基础、创造空间、开拓视野⑧。因此,科研对专业建设发展起到了不可或缺的推动作用,使其科研能力这一硬实力助力专业教育教学的追求永无止境。

科研好,人才培养才会真的好。教师的科研成果与学生的评价结果存在显著的正

---

① "一对多":指本专业一个学校与多家企业进行合作的关系。

② 校企合作联盟:专业于 2012 年创建了校企合作联盟自身模式,发表了相应理论文章,建立了相应运行机制,确保了校企合作的有效开展。校企合作联盟建设早于 3 年高职教育文件建立合作联盟的要求。

③ 动态式"订单":指企业与学校签订预需毕业学生计划,学校汇总各企业预需人数,形成专业招生计划;人才培养完成,各企业再按实需人数录用学生,经几十家企业用人统筹基本平衡于招生人数的培养方式,称为动态式"订单"。

④ 省教育教学科研项目:

a. 刘明彦,等.基于信息技术防火管理专业(工程技术方向)人才培养方案优化研究与实践.辽宁省教育厅.2011.

b. 刘明彦,等.高职院校"一对多"校企联盟有效模式研究.辽宁省高等教育学会.2013.

c. 刘明彦,等.高职高专公共安全领域物联网课程体系建设研究.辽宁省教育科学项目规划办公室.2014.

d. 刘明彦,等.高职教育"小专业""集团化"实训基地建设研究.辽宁省高等教育学会.2015.

e. 刘明彦,等.基于校企一体化育人的工匠型人才培养研究.辽宁省教育科学项目规划办公室.2017.

f. 刘明彦,等."互联网+"助力工匠型人才培养研究.辽宁省高等教育学会.2018.

g. 刘明彦,等.小专业集团化工匠型人才培养诊断研究.辽宁省教育科学项目规划办公室.2018.

⑤ 国家建设项目:刘明彦,等.中央财政支持职业教育学校专业服务社会能力建设.教育部财政部.2012.

⑥ 发明专利:孙红梅,等.防冻室外消火栓泄水阀.中国专利.2017.

⑦ 省教学成果二等奖:孙红梅,等.防火管理小专业、集团化校企联盟人才培养模式创新与实践.辽宁省教育厅.2018.

⑧ 尹绪忠.高职教育内涵发展的未来[N].中国教育报.2016-5-5(7).

相关,即教师的科研成果越多,学生对其评价越高[①]。这些年,专业建设团队以研致用、以研促教、以研育人,将科研成果迅速转化为教学内容和教学资源,使学生从中受益。

四、持续不断深化产教融合校企合作

产教融合、校企合作是办好职业教育根本之路、生命之路。专业建设要想在工学结合、共同育人、顶岗实习和就业等环节都能有较好的提升,并在人才培养、课程建设、活动育人、文化育人、企业育人等方面形成较为鲜明的专业办学特色,就一定要持续不断地深入开展产教融合、校企合作。产教融合、校企合作要依市场作用的引导,让企业在充分了解和信任的前提下,主动合作、自主融合到专业建设中来,当产教融合、校企合作达到较高程度时,一定会呈现出学生与企业彼此依赖的关系,每名学生和每家企业都能按各自意愿双向选择并展开顶岗实习和就业等活动,教育效果定会学生满意、家长满意、学校满意、企业满意的,专业也会受到社会的积极关注和高度认可,这是防火管理专业(工程技术方向)十多年建设的真实写照。专业建设取得的成效与三次校企合作研讨会的成功举办分不开,与专业教师日日秉承先进职业教育理念分不开,与学生认知认同专业分不开,与"一对多"校企合作联盟建设分不开,更与"小专业""集团化"实训基地建设理论与实践,及其构建的实训基地体系为学生提供顶岗实习岗位的企业分不开。企业的支持和积极参与为深化校企一体化育人提供了可能,为培养匠型人才提供了舞台。

第四节　专业建设固本与展望

职业院校专业建设要结合自身优势,紧贴市场、紧贴产业、紧贴职业,科学准确定位。要紧密对接国家战略和区域发展需要,建设适应需求、特色鲜明、效益显著的专业(专业群)。创新人才培养模式,强化师资队伍和实训基地建设,不断提升专业建设水平[②]。

一、专业建设要坚持服务于社会

现代高等职业教育核心要求就是服务于经济社会发展需要,需要的内涵概括起来为:技术进步、产业升级、创新驱动。专业建设要紧紧围绕需要内涵开展教育教学活

---

① 翟帆. 高职院校,科研短板补起来![N].中国教育报.2017-11-28(9).
② 教育部.关于深化职业教育教学改革全面提高人才培养质量的若干意见[EB/OL].(2015-07-29)[2020-11-18].http://www.moe.gov.cn/srcsite/A07/moe_953/201508/t20150817_200583.html.

动,从而解决培养什么样的技术技能人才、怎样培养技术技能人才的根本问题和首要任务。

技术进步。技术进步是推动现代企业制度变革和现代学校制度变革最核心、最重要的动力。高职院校创新发展,最核心的着力点也是如何加快先进产业技术的转移和应用,如何加快技术技能积累,从而使每一个产业、每一个社会领域创造价值的能力不断提升,进而促进产业升级。专业建设要时时刻刻瞄准产业的技术进步,提高社会服务能力。

产业升级。其包括两方面内容:一方面是技术进步推动了原有产业升级发展,另一方面是出现了大量新兴产业。这对产业人才提出了两个新要求:一是技术进步导致的产业升级要求一线劳动者能力升级,更多的劳动者需要接受更长时间的教育与培训,掌握更多的知识、技术和技能。二是由于大量新兴产业发展,需要人才结构与之相适应,需要培养大量新的人才和复合型人才。专业建设过程要与企业保持密切合作,关注系统、产品升级换代。

创新驱动。"实施创新驱动发展战略是一个系统工程",需要"完成从科学研究、实验开发、推广应用的三级跳"。这"三级"中,推广应用领域人才需求量最大,没有推广应用,就不可能实现创新驱动发展。如何把人类所积累的知识、先进的产业技术、自主创新的成果转化到实践中去,这是职业院校应承担的任务;还要把产业链、创新链、人才链(教育链)结合起来。这"三级跳"和"三链"决定了高职院校在国家创新驱动发展战略中的重要位置,也决定了高职院校必须走"产教融合、校企合作"的道路。专业建设要坚定不移地走"产学研"之路,建好校企合作机制,做好校企彼此关注的事。

二、专业建设要突破固有思维束缚

树立起现代高等职业教育的思想,首要的也是最难的就是转变观念,并要着重解决以下四个方面问题。

一是从精英高等教育思维转向大众化高等教育思维。只有转向大众化教育思维,站在大众化高等教育的角度来理解高等教育的结构变化,突出职业教育特点,才能促进人才培养布局与经济社会发展全局相适应,思维决定出路。

二是从供给导向转向需求导向。在教育短缺的时代,毕业生拿到文凭就能找到工作,但进入高等教育大众化阶段后,质量问题、结构问题就显现出来了。解决这些问题需要建立起从供给导向转向需求导向的机制,需求倒逼改革,以就业导向培养人才。

三是要把创造价值作为评价学校的基本标准。教育方针是为现代化服务、为人民服务,具体到评价标准就是高等职业学院要为经济社会和学习者创造价值,重点要评价对行业、企业、区域所做出的贡献。

四是要始终坚持理论和实践相结合。这是马克思主义的认识论和实践论的要求。在当前的人才培养模式中不同程度地出现了知行脱节的问题，如何把"知"和"行"统一起来，把理论和实践统一起来，是贯穿高等职业教育的关键问题。高等职业教育要跟生产实践、生活实践、社会实践、文化实践相结合，才能真正培养行业企业欢迎的有用人才。

三、专业建设要忠于职业教育指导思想

现代高等职业教育专业建设的指导思想包括以下四个方面。

第一，就业导向。现代职业教育的基本出发点就是以就业为导向，无论哪一个层次的职业教育，最基本的职责都是促进就业。评价高职院校底线标准就是"就业"，通过毕业生就业率、就业质量和长期职业发展能力来评价学校办学水平。建立第三方评价系统，围绕"就业"这个基本点，综合评价高等职业院校对学生的贡献和对社会的贡献。

第二，定位培养。技术进步、产业升级带来了对多层次技术技能人才的需求。人才需求是多层次的，人才培养也应该是多层次的。现代高等职业教育就是要根据技术进步、产业升级和创新驱动的要求，定好自己的位置培养技术技能型人才，以适应需求。

第三，产教融合。产教融合是现代职业教育体系最核心的性质、最重要的灵魂，也是建设现代职业教育体系的根本路径。十几年来，高等职业教育多样化这个问题没有被真正解决，因为靠内向化的评价、封闭式的发展和人为的规划，不可能形成特色化、多样化的发展。高职院校只有服务多元需求，在实践中找准自己定位，坚持开放走产教融合发展道路，才能走出特色化、多样化的发展之路。

第四，全面发展。高职院校要坚持育人为本，以德树人，全面实施素质教育，为学习者的职业发展、人生幸福奠定基础。

这四个方面是一个有机整体，就业导向是方向，定位培养是准则，产教融合是机制，全面发展是目标。高职教育最重要的是建立有效机制，促进教育与经济社会、与产业相融合。特别是学校与所服务的产业、所在的城市、所在的社区，都要建立某种意义上的共同体，实现共同发展①。

四、专业建设要持续落实教改方案

产业升级和经济结构调整不断加快，各行各业对技术技能人才的需求越来越紧迫，职业教育重要地位和作用越来越凸显。《国家职业教育改革实施方案》（国发

---

① 刘明彦.高职教育创新与社会服务[M].北京:北京邮电大学出版社.2017.8.

〔2019〕4 号)开启了职业教育发展的新征程,提出了深化职业教育改革的路线图、时间表、任务书,明确了今后 5～10 年职业教育的工作重点,为实现 2035 中长期目标以及 2050 远景目标奠定了重要基础。

高等职业教育作为优化高等教育结构和培养大国工匠、能工巧匠的重要方式,使城乡新增劳动力更多接受高等教育。高等职业学校要培养服务区域发展的高素质技术技能人才,重点服务企业特别是中小微企业的技术研发和产品升级,加强社区教育和终身学习服务。专业建设要在如下四个方面进一步开展工作。

一是坚持知行合一、工学结合。借鉴"双元制"等诸多模式,总结现代学徒制和企业新型学徒制试点经验,校企共同研究制定人才培养方案,及时将新技术、新工艺、新规范纳入教学标准和教学内容,强化学生实习实训。适应"互联网＋职业教育"发展需求,运用现代信息技术改进教学方式方法,推进虚拟工厂等网络学习空间建设和普遍应用。

二是推动校企全面加强深度合作。职业院校应当根据自身特点和人才培养需要,主动与具备条件的企业在人才培养、技术创新、就业创业、社会服务、文化传承等方面开展合作。厚植企业承担职业教育责任的社会环境,推动职业院校和行业企业形成命运共同体。

三是打造一批高水平实训基地。充分调动各方面深化职业教育改革创新的积极性,带动政府、企业和职业院校建设一批资源共享,集实践教学、社会培训、企业真实生产和社会技术服务于一体的高水平职业教育实训基地。鼓励职业院校建设或校企共建一批校内实训基地,提升重点专业建设和校企合作育人水平。

四是打造"双师型"教师队伍。完善"双师型"特色教师队伍建设制度,建设引领教学模式改革的教师创新团队,聚焦"1＋X"证书制度开展教师全员培训,建设校企人员双向交流协作共同体等措施强化职教师资队伍建设。多措并举打造"双师型"教师队伍,到 2022 年"双师型"教师占专业课教师总数超过一半的目标。2018 年,我国高职"双师型"教师占专任教师比例为 39.70％[①]。

五、专业建设要再续发展驱动力

专业经过十多年的发展,概括起来就是按照坚持一个目标,紧扣三个紧紧,树立五个理念,抓住五个重点,筑牢八个工程的发展思路建设的,办学历程不仅为今天专业建设提供了丰硕的成果,也为新时代高水平专业建设提供了借鉴的深入思考。

一个目标:专业培养的人才与企业需求相匹配,并具有匠型人才特征,专业建设水平进入到先进行列。这一目标是新时代中国特色社会主义发展的必然要求,也是积极适应高等职业教育发展新形势的必然要求。

---

① 黄伟. 职业教育打响提质升级攻坚战[N]. 中国教育报. 2019-2-20(1).

三个紧紧:一是紧紧围绕行业企业需求建设专业,二是紧紧依托行业企业办专业,三是紧紧融合行业企业做专业。这是专业建设过程中核心指导思想,牢牢树立职业教育为行业企业服务的宗旨,坚持以就业为导向。

五个理念:内涵发展、特色发展、创新发展、以人为本、校企共融。这些理念回答了专业实现什么样的发展、怎样实现发展的根本问题。这些理念来源于专业建设实践,是在深刻总结多年办学经验、全面分析职业教育发展趋势的基础上形成的,也是针对专业建设发展中存在的问题提出来的,集中反映了专业办学规律的新认识。

五个重点:师资(企业师傅)队伍建设、高质量人才培养、高水平专业建设、校企合作办学、教育链与产业链融合。这是在未来赢得竞争优势的关键之举,是健全完善专业建设现代化的内在要求。

八个工程:思政定向导航工程、改革创新促进工程、人才培养校企合作工程、专业建设重点工程、教学研究提升工程、师资队伍支撑工程、警营文化引领工程、校企资源配置优化工程。八个工程环环相扣,紧密联结,形成强大改革发展合力,引导专业师生增强使命感和责任意识,保持锐意进取的精神状态,切实提高服务区域经济社会发展的能力和水平。

协同推进:一是要在核心意识上紧抓不放,即目标意识、标准意识、质量意识、规则意识、创新意识;二是要在工作方向上明晰化,可在自主性、系统性、实践性、开放性、创新性等几个方面确定;三是要在相结合上下功夫,即注重质量效应相结合,加强理论与实践相结合,融贯上下政策相结合,强化校内外资源相结合;四是要在建设层面紧抓不放,即人才培养和教育教学关键环节的标准化建设、1+X证书制度和组织管理制度落地建设、打造专业化结构化的高水平教师教学创新团队、打造深化产教融合校企协同育人技术技能创新平台。以此,把专业建设水平推进到新高度。

第二章 专业人才培养方案诊改和释析

回顾防火管理专业(工程技术方向)建设过程,人才培养方案的坚定实施是专业建设取得成效的重要前提,方案主要有以下四次重大诊断和改进,也可以说是专业建设四个重要阶段。第一次,人才培养方案是在高职其他专业建设经验和充分进行行业调研的基础上制订的,核心成果是"2+1"办学模式,核心课程为"131"体系;第二次,以专业召开"产学研"研讨会对接行业企业为契机,进行了全面的修订,肯定了"2+1"办学模式,确定核心课程为"113"体系;第三次,以"小专业""大集团"校企合作研讨会为标识,创建"一对多"校企合作联盟,修订人才培养方案,核心课程为"123"体系,以及"小专业""集团化"学生实训基地建设的人才培养模式;第四次,以专业落实高职创新行动发展计划校企对接研讨会为标识,将培养目标、课程内容、顶岗实习等进行科学细化,完善人才培养方案,把人才培养提升到"校企一体化育人"模式上进行教育教学实践。十余年的专业建设正是围绕这四次重要节点展开其教育教学活动和科学研究工作,不断创新理论,积极进行实践探索的过程。

2019 年 6 月,教育部印发的《关于职业院校专业人才培养方案制订与实施工作的指导意见》(教职成〔2019〕13 号)明确规定:"专业人才培养方案是职业院校落实党和国家关于技术技能人才培养总体要求,组织开展教学活动、安排教学任务的规范性文件,是实施专业人才培养和开展质量评价的基本依据。"随着(教职成〔2019〕13 号)意见的发布,《关于制订高职高专教育专业教学计划的原则意见》(教职成〔2009〕2 号)随之停用。

第一节 专业建设初始的人才培养方案

专业从创建那天起,就用人才培养方案指导专业教育教学活动,以其作为培养人才的行动指南,方案的好坏直接影响人才培养的质量,因此要结合自身实际制订人才培养方案。初期,制订人才培养方案的指导思想主要来源于国家政策、行业企业调研、专家请教,之后也借鉴其他高职专业建设的经验。

一、制订方案的政策基础

2004 年 4 月,教育部印发《关于以就业为导向深化高等职业教育改革的若干意见》(教高〔2004〕1 号)。《意见》明确规定了高职办学目标、培养方向、培养规格,具体指出:以就业为导向确定办学目标,找准学校在区域经济和行业发展中的位置,加大人才培养模式的改革力度,坚持培养面向生产、面向建设、面向管理、面向服务一线人才需要的"下得去、留得住、用得上",实践能力强,具有良好职业道德的高技能人才。

《意见》要求,高职教育要走"产学研"之路,"产学研"结合是高等职业教育发展的必由之路,要积极探索校企全程合作进行人才培养的途径和方式。大力推行"双证书"制度,促进人才培养模式创新。大力推进灵活的教学管理制度,引导学生自主创业。

2005 年 10 月,国务院颁布《关于大力发展职业教育的决定》(国发〔2005〕35 号),明确了高职院校办学方针和与企业合作的职业教育要求。《决定》指出,要坚持"以服务为宗旨,以就业为导向"的职业教育办学方针,要与市场需求和劳动就业紧密结合,校企合作、工学结合、结构合理、形式多样、灵活开放、自主发展,建设有中国特色的现代职业教育体系。

《决定》指出,要继续完善"政府主导、依靠企业、充分发挥行业作用、社会力量积极参与、公办与民办共同发展"的多元办学格局。与企业紧密联系,加强学生的生产实习和社会实践,改革以学校和课堂为中心的传统人才培养模式。高等职业院校学生实习实训时间不少于半年,为顶岗实习的学生支付合理报酬。

《决定》指出,要把德育工作放在首位,全面推进素质教育。坚持育人为本,突出以诚信、敬业为重点的职业道德教育。

二、人才培养方案核心要素

(一)培养目标

专业基于防火管理岗位及消防工程施工、管理岗位,以信息技术引领的消防系统为核心,以防火管理和工程规范为重点,掌握工程 CAD 技术、网络综合布线技术以及工程概预算技术,培养满足防火管理一线需求的应用性技能型人才。

(二)培养规格

在三年学习期间,学生共学习 15 门基础课,20 门专业基础和专业课(含 5 门专业实训课),共 1 669 学时(不含校外实训课时)。要求达到教学计划所需要的 104.5 学分,完成实习与实训任务获"合格"以上评语等级,专项技能考核合格,具有以下能力并选考 2 个职业资格证书,准予毕业。

1. 阅读专业外文资料的初步能力,熟练进行中英文打字(中文打字 50 字/分以上);

2. 消防部门的岗位证书,即消防上岗证(消防部门);

3. 全国电力部门的电工入网证(电力部门);

4. 全国计算机办公软件应用操作员证书(劳动部门);

5. 中级 CAD 绘图员资格证书(劳动部门)。

(三) 核心课程体系

专业实行"2+1"工学结合的教育教学模式,即两年在校理论学习与一年到企业实践顶岗实习。培养模式所配备的课程体系体现以职业素质、职业能力为核心的全面教育培养的过程,基于职业岗位分析和工作任务的设计理念,从知识、能力、素质结构的要求,针对高等职业教育的特点,注重基础课与专业课的衔接、理论与实践的衔接、学校与企业的衔接,以实现技术技能人才的可持续发展。

人才培养方案核心课程体系确定为"一核心,三重点,一必备",即"131"体系。"一核心"指消防四大系统(建筑消防给水系统、建筑通风与排烟系统、建筑火灾报警系统和建筑气体灭火系统),是消防工程施工及设施的日常防火管理必须涉及的课程;"三重点"指电工电子技术、工程 CAD 技术、工程概预算技术;"一必备"指计算机应用技术。人才培养方案课程体系结构图如图 2-1 所示。

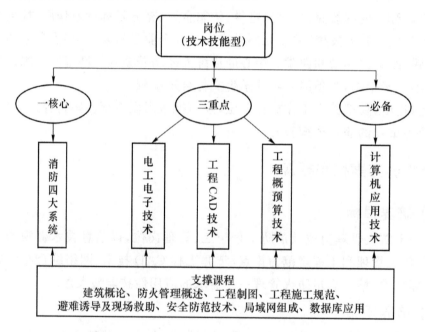

图 2-1　人才培养方案课程体系结构图

在工学结合的顶岗实习阶段,学生在实际工作岗位中进一步锻炼和提高,为今后就业积累工作经验。此模式也为该专业的大学生"先就业、后择业"创造了良好的就业条件和氛围。

此阶段,专业人才培养的质量目标概括为"培养'懂知识、熟系统、能识图、会维护'

技术技能型人才",但是还存在岗位胜任能力不足、职业素养缺失等问题。究其原因,一是课程体系与岗位能力要求错位;二是课程内容与核心就业能力匹配度较低;三是理论教学与实践教学联系不够紧密;四是人才培养方案与区域经济社会发展要求还存在脱节现象;五是课程评价体系方法简单、形式单一。

由此可见,课程体系的改革与建设是高职院校教育教学改革,加强专业结构、效益、成长性、满意度、教学水平、社会评价等内涵建设,提升教学质量核心环节重中之重的内容。只有设置合理的课程体系,才能培养出被行业企业接受的高质量的技术技能人才。

三、第一阶段人才培养关键词

专业人才培养从"知识适度、理实结合、校企合作、就业导向"等维度把控并推进实施。人才培养方案实施对象为 2005~2006 级学生。

(一) 知识适度

知识适度是指学生获取知识不要过于强调系统性,满足企业岗位需求够用即可。当时的高职教育还处于探索阶段,教学过程一般按普通专科教学方式或普通本科教学内容缩减版进行,教学内容面面俱到,教师往往习惯于自身受教育过程的培养方式进行专业教学,即重视系统性,轻视职业性。因此,在专业建设之初,专业就把知识适度要求赋予专业教学内容设计之中,授课教师要撰写与之匹配的课程实施方案,教研室审核方案并定期对教学过程进行评估,督促授课教师把握知识适度,突出岗位必备的知识内容。

(二) 理实结合

理实结合是指将理论知识与实践活动结合起来。受教学思想及办学条件的制约,一般学校(教师)还是把理论教学安排得比较满档、比较"科学",占用较多教学时间,忽视或不愿意创造条件进行实践教学。专业"2+1"教育教学模式强调人才培养过程要注重理论知识与实践活动相结合。专业也非常注重学生校内的实习实训教学环节的创建,以达到"懂知识、熟系统、能识图、会维护"的人才质量培养标准。

(三) 校企合作

校企合作是指在专业建设中依靠企业,使企业融入人才培养过程中。之前,学校对校企合作的内涵认识还不够深,还停留在 2005 年《决定》的要求上。但是,专业人才培养的质量要想达到企业要求,就必须征求企业意见,力求企业参与人才培养的过程,只靠学校一方是无法实现人才培养目标的。2006 年,学院举办了防火管理专业"产学研"研讨会。会上,学院提出"希望企业能参与到专业建设中来"的倡议,与会专家给予了积极响应。于是,防火管理专业把企业参与放在专业建设的首要位置。除了与会企事业外,教师们还积极主动联系其他企业,让企业人员到学院参观和指导。首届(2005

级)学生在 2007 年顶岗实习时就有 12 家企业、1 家专业中介公司参与到校企合作中来。

（四）就业导向

就业导向是指培养的学生能够顺利地在专业岗位上就业。专业开办就是为了服务社会,培养的人才要能够服务于行业企业,要有"下得去、留得住、用得上"的思想素质和知识结构,要有较强的实践能力和良好的职业道德。专业建设坚持"以服务为宗旨、以就业为导向"的职业教育办学方针。2008 年,90％的首届毕业生在专业岗位上就业,其中大部分现已成为企业的中坚力量,多人担任部门经理或项目经理。学校被行业企业称为辽宁消防工程领域的"小黄埔"。

四、人才培养质量效果

（一）首届学生顶岗实习综述

首届防火管理专业的 38 名学生顺利走向顶岗实习工作岗位,学生的顶岗实习是分两次完成的。第一次,2007 年初,学院领导带队前往北京进行考察、洽谈,取得了显著成果,为首届 2005 级专业学生带回 12 个顶岗实习的岗位。回来后,学院积极准备,与企业始终保持密切联系,按双方达成的协议要求,学院准时派出了 12 名专业学生。这次合作的意义在于为以后的专业学生顶岗实习活动树立了标杆,开辟了道路。第二次,按照人才培养方案的要求,专业余下的 26 名学生要在沈阳市的企业中开展顶岗实习,并要于 2007 年暑期结束前完成。这次顶岗实习是分两步走的。第一步,进行了企业顶岗实习前的参观实习,即感知性实习,时间为 15 天。参观实习得到北京京雄新消防工程公司辽宁分公司、沈阳金辰消防工程公司、沈阳二四五消防工程公司、沈阳东环物业公司、沈阳化工股份有限公司及沈阳商业城等单位的大力支持,各个实习企业为学生制订了详细的实习计划,并采取了有效措施,保证了学生顺利完成实习任务。参观实习的学生收获颇多,具体体现为:一是对企事业单位的防火工程、管理工作有了实体性的认识;二是对书本中学到的消防系统相关知识在实际中的应用有了感性的认识;三是对相关消防设备、灭火设备器材的使用等内容有了新的体会;四是对消防工程设计理论与实践的结合有了新的感悟。第二步,参观实习为学生的顶岗实习打下很好的基础,同时也带来了到企业顶岗实习的机会,经企业考核及面试,有 23 名学生被参观实习企业和其他企业录用,有 3 名学生自主找到顶岗实习企业。首届防火管理专业的 38 名学生全部进入为期一年的顶岗实习学习阶段,他们将在实际工作岗位上得到进一步的锻炼。

通过调研及学生反馈的信息可知,学生对各自的顶岗实习过程感到非常满意,表示实习能够较好地将在校学习的理论知识在实践中得到很好的应用和验证,同时他们就实际工作中涉及的具体问题提出建议,为改进今后的教学工作提供了宝贵的意见。

(二) 首届学生毕业后状况

截至 2020 年,首届毕业生毕业已有 12 年,回顾并总结他们的经历,对专业建设发展有很强的现实意义,以从毕业到现在还在辽宁金晨消防工程有限公司(以下简称公司)工作的学生为例进行剖析,以更好地加强专业建设,适应高水平职业院校和高水平专业建设需要。

2007 年暑假前,高凡(女)、张阳、刘世阳、王晓磊、刘博、王柏涵、王刚等 7 名学生到公司进行顶岗实习。在一年的顶岗实习期间,他们在生产一线了解、熟悉、掌握了消防工程实际状况。他们 7 人首先到公司合作的电厂、住宅楼项目实地实习,然后跟着师傅到新开工的锦州医院施工现场学习,不断将理论知识融入实际工作中。刚开始实习时,他们既兴奋又忐忑,既好奇又畏惧,在学校老师和企业师傅不断引导下,他们克服困难,并积极、努力地干好本职工作。顶岗实习结束后,7 名学生全部被公司聘为正式员工,工资待遇从实习期间的 800～1 100 元增加到 2 000～4 000 元。

到目前为止,首届 7 名顶岗实习学生还有 2 名在该公司工作,其他学生跳槽到行业其他公司工作。简单介绍一下离开公司高凡(女)的情况,她在该公司工作 4 年多后将工作重心转移到公司办公室工作方面,经过努力,她很快胜任了预算工作的岗位要求,开始进行独立的预算工作,如今她可以熟练进行消防工程、机电工程、商务楼宇等方面的工程预算。

现在介绍其他 6 名学生的情况。经过十余年的不懈努力,他们都已成为公司的中坚或部门经理。他们每年要负责几项工程的具体业务,并按照工程施工规范要求保质保量完成,承载着公司发展的重任。这些年,辽宁金晨消防工程有限公司又陆续接收了 20 名学生顶岗实习,实习结束后,绝大部分学生留在公司工作。该公司是最早认可专业培养学生的企业,是联盟核心成员,也是校企一体化育人非常成功的企业。

2005 级毕业生的平均工资为 2 817 元(2010 年),最高月收入达 7 000 元,61％的毕业生从事消防工程和管理工作。2006 级毕业生的平均工资为 2 581 元(2010 年),52％的毕业生从事消防工作,并涌现出多名业务骨干。经过 2005 级、2006 级学生的教育教学实践,"2＋1"工学结合人才培养模式基本解决了专业设置与企业需求对接、课程内容与岗位要求对接、教学过程与生产过程对接的问题。"一核心,三重点,一必备"的课程体系得到了实践验证,培养的人才得到了企业的普遍好评和认可,满足了职业教育人才培养的要求。

从他们顶岗实习和工作经历得到的启迪是:校企合作不可缺,理实结合不可少,知识传授要适度,就业导向要把握。

第二节　基于"产学研"结合人才培养方案

"产学研"结合是当时国家明确要求职业教育培养人才的道路。这需要在专业建设中把握好国家政策，并结合自身实际进行理论创新，勇于实践探索。2006 年 12 月，学院召开了防火管理专业(工程技术方向)"产学研"研讨会。

一、"产学研"结合政策基础

2004 年 4 月，教育部印发《关于以就业为导向深化高等职业教育改革的若干意见》(教高〔2004〕1 号)。《意见》指出"产学研"结合是高等职业教育发展的必由之路。

2006 年 11 月，教育部印发《关于全面提高高等职业教育教学质量的若干意见》(教高〔2006〕16 号)。《意见》指出高等职业教育作为高等教育发展中的一个类型，肩负着培养面向生产、建设、服务和管理第一线需要的高技能人才的使命，在我国加快推进社会主义现代化建设进程中具有不可替代的作用。以服务为宗旨，以就业为导向，走产学结合发展道路，为社会主义现代化建设培养千百万高素质技能型人才。

《意见》指出高等职业院校要按照教育规律和市场规则，本着建设多元化的原则，多渠道、多形式筹措资金；要紧密联系行业企业，厂校合作，不断改善实训、实习基地条件。要保证在校生至少有半年时间到企业等用人单位顶岗实习。加强和推进校外顶岗实习力度，提高学生的实际动手能力。人才培养模式改革的重点是教学过程的实践性、开放性和职业性。

《意见》指出要发挥行业企业和专业教学指导委员会的作用，加强专业教学标准建设。开展职业技能鉴定工作，推行"双证书"制度，强化学生职业能力的培养，使有职业资格证书专业的毕业生取得"双证书"的人数达到 80%。

《意见》还指出高等职业院校要积极与行业企业合作开发课程，根据技术领域和职业岗位(群)的任务要求，参照相关的职业资格标准，改革课程体系和教学内容。把工学结合作为高等职业教育人才培养模式改革的切入点，带动专业调整与建设，引导课程设置、教学内容和教学方法改革。要进一步加强思想政治教育，把社会主义核心价值体系融入高等职业教育人才培养的全过程。

教高〔2006〕16 号文件对高等职业教育教学的发展有着极其重要的意义，指导了那一段时间的专业建设与发展，在实践中有着切身体会和较好的实际效果。

二、"产学研"研讨会概况

"产学研"研讨会是在专业团队不断认真学习，深刻领会国发〔2004〕35 号、教高

〔2004〕1号、教高〔2006〕16号文件的条件下,为学生努力营造校企合作、工学结合的环境,并坚定专业要走"产学研"发展之路的背景下,于2006年12月在沈阳召开。

"产学研"研讨会共邀请12位校外专家,都是辽宁该领域的一流专家,他们来自省市消防管理部门(各1位)、国家消防研究单位(1位)、消防工程公司(5位)、重点消防单位(4位)。同时,以12位人员为基础加上学院有关人员,组建了第一届专业建设指导委员会,委员会适时为专业建设"把脉",指导专业建设。

经过近两年的教育教学实践,我们发现在校企合作上出现了瓶颈。虽然国家政策很好,但实施起来也有很多困难,比如出现学校热、企业冷,校企两家不易形成聚焦点的问题。如果这个问题不解决,"培养高质量专业人才"就是一句空话。

研讨会正是为了解决上述问题而召开的。在研讨会上,学院首先向专家们介绍了专业"2+1"教育教学模式和以"一核心,三重点,一必备"为核心的课程体系的人才培养方案。以此为基础,学院人员与专家们展开了讨论。通过梳理12位专家的意见和建议,对专业进行分析、定位,专家们提出"将专业建设的着重点首先放在'产学'上",实质上就是寻找校企合作的途径。因此,要优先考虑产学结合模式下如何培养人,培养目标和规格要求是什么等。专家们认为,方案总体架构和办学模式是好的,方案制定的思路是明晰的,与企业结合是符合国家政策要求的,但还有不完善的地方,需要修订和补充,比如教育教学工作的着重点、培养目标、培养规格、核心课程体系等,教学安排要突出职业性、实践性、开放性,要与企业密切沟通等。

截至2020年,经过14年的专业建设实践检验,首次研讨会的成果对防火管理专业(工程技术方向)的发展起到了很大的作用,一直深刻地影响着专业的建设与成长。

三、"产学研"研讨会贡献

根据专家们的讨论意见与建议,经整理在以下四个方面取得一致。

(一) 明确专业建设着重点

- 把立德树人作为根本任务,培养社会主义建设者和接班人。
- 成立专业建设教学指导委员会,加强专业教学标准建设。
- 开展职业技能鉴定工作,推行"双证书"制度。
- 开发课程建设,改革教学方法和手段,融"教、学、用、做"四位一体。
- 将校企合作、工学结合作为人才培养模式改革的切入点,带动专业建设不断创新。
- 强化专业教师队伍"双师"结构,提高专业建设水平。

防火管理专业(工程技术方向)要以服务为宗旨,以就业为导向,走产学结合发展道路,培养高素质技术技能型人才。

（二）明确专业人才培养定位

1. 社会背景

当时，我国正处于改革开放不断发展时期，各行业也正随着社会发展而不断变化。随着经济的发展和社会的进步，特别是随着城市现代化程度的提高，生产生活电器化、城市的立体化、燃料的多样化、人口和物质的高度集中、精神和文化生活的日益丰富，以及各类企业的迅速发展等，不仅火灾隐患增加，而且火灾后扑救的难度也加大，极易造成严重的人员伤亡和经济损失。因此，人们对防火工作的要求越来越高，但企事业单位从事防火工作、掌握防火技能的专业人员缺乏，懂防火、会防火的人员仍集中在现役的消防部队中，而社会上的防火专业人员更是严重匮乏。根据调研分析和近年的教学经验，以及研讨会专家的建议，社会需要大量具有防火专业知识的人员。

2. 人才培养定位

人才培养应主要满足以下四个方面的要求。

（1）具有专业知识且素质较高。防火事业本身具有综合性质，要求从事这一工作的专业人员必须具备相应的学科知识结构的职业能力，以及具备从事岗位职责的综合素质。在职业能力上，要掌握防火学科理论知识和实践经验，以及相关的管理知识；在综合素质上，应具备爱岗敬业的品质和良好沟通的能力，以及事务的认知及处理能力等。

（2）技术技能型人才。防火工程施工单位急需懂技术、能施工的技术技能人员，这主要体现在对消防系统中工程 CAD 绘图技术，与电子、电气等相关的火灾报警技术，消防工程预算编制技术，工程施工技术等的掌握。

（3）有一定信息化和网络化知识。由于目前防火设备科技含量日益提高，同时建筑高层化、智能化，各种设施复杂化，防火工程岗位急需能操作现代消防技术装备及掌握信息化、网络化应用的从业人员。

（4）遵守防火管理法规、规章和规范。社会各基层单位需要大量掌握现代防火知识的消防管理人员、设施设备维护人员及销售人员。

（三）明确专业人才培养规格

在具有必备的基础理论知识和专门知识的基础上，重点掌握本专业领域的岗位技能。其人才培养规格如下。

（1）具备良好的政治思想素质、职业道德和敬业精神，以及健康的身心素质及科学的思维方式，具备较快适应防火管理第一线岗位需要的实际工作能力。

（2）具备较好的表达能力、沟通协调能力和合作能力。

（3）具备以下实际工作能力和相应证书。

① 阅读专业外文资料的能力，并且能熟练进行中英文打字（中文打字 50 字/分以上）。

② 消防部门的岗位证书,即消防上岗证(消防部门)。

③ 全国电力部门的电工入网证(电力部门)。

④ 全国计算机办公软件应用操作员证书(人力资源部门)。

⑤ 中级 CAD 绘图员资格证书(人力资源部门)。

⑥ 工程预算员证书(奠定考试基础,工作时取得)。

(4) 适应消防工程公司消防工程设计及工程施工技术岗位;适应企事业单位消防管理和消防系统控制与维护岗位。

(四) 明确核心课程体系

专家们研讨了防火管理专业(工程技术方向)人才培养方案,提出了很好的建议和意见,同时也总结了两届学生教学实践,指出部分课程在课程体系中还没有较好地突显出问题。例如,在工程施工过程中需要的工程规范、基于计算机技术的消防系统的网络搭建、工作过程中所需要的计算机基础操作能力,以及消防管理要求的必备知识和能力等,强调课程建设是体现高职院校竞争力的核心要素和专业建设的重要任务。专业以研讨会为契机,于 2007 年第一次对人才培养方案进行了较大范围修订和完善,并称之为中期专业人才培养方案,且从 2007 级学生开始实施。

1. 核心课程分析

防火管理专业(工程技术方向)人才培养以"背靠行业,服务社会"为理念,主要为社会、企事业单位培养两类人才:一类是消防工程一线能施工、懂技术的技术技能人才,在该类人才的知识结构中体现以消防四大系统为核心,能够依国家工程规范对消防工程施工现场的实际工程(消防水、消防电、气体灭火和通风排烟)进行带队施工,应用工程 CAD 技术对消防工程图纸具有识图和改绘图的能力,应用工程概预算技术能够对消防工程进行相关预算工作;另一类是掌握消防系统运行管理知识的应用性人才,该类人才主要掌握消防设备的性能,具有维护、维修设备的能力,使消防系统更好地发挥作用,在这一类人才的知识结构中体现以消防四大系统为核心,掌握系统中消防设备的原理及使用、维护、检修和保养知识,运用防火管理的理念对建筑的消防应急预案提出合理化建议,经过一段工作实践后具备制度制定、预案完善的能力。

2. 核心课程体系调整

将"一核心,三重点,一必备"核心课程体系(即"131"核心课程体系)调整为"一核心(消防四大系统包括建筑消防给水系统、火灾自动报警系统、建筑通风系统、建筑气体灭火系统),一重点(工程施工规范),三掌握(掌握工程 CAD 技术、网络搭建技术、工程概预算技术)"的"113"核心课程体系建设,使专业知识点的范围、人才培养的流程、能力掌握的方式、岗位需求的结合、学生综合素质的提升途径都得到了较清晰地界定。如图 2-2 所示。

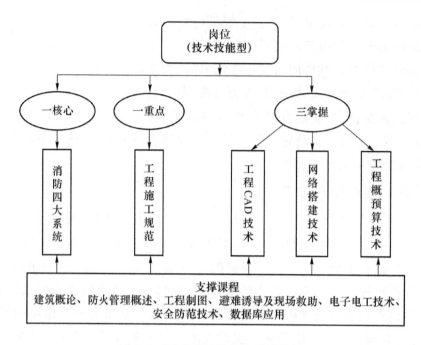

图 2-2 "产学研"课程体系结构图

修改后的专业人才质量培养目标概括为"熟系统、掌规范、能改图、懂施工、取双证",明确了要想提高人才培养质量,必须加强专业内涵建设。专业围绕"地方性、技能型、特色化、高水平"进行专业建设,构建课程体系,强化校企合作,优化人才培养方案,创新人才培养模式,完善专业标准和课程标准,建立完善考评体系,做好考评工作。

四、第二阶段人才培养关键词

专业人才培养关键词由"知识适度、理实结合、校企合作、就业导向"四个方面向"坚定自信、切合实际、校企合作、活动育人、双证书"五个方面提升,并展开实施。人才培养方案实施对象为 2007～2010 级学生。

(一)坚定自信

可以说,自信来自专业"产学研"研讨会的成果,来自成果所产生的内在驱动力和专业师生追求更佳的精神源泉,来自不断推进专业内涵建设向纵深发展的迫切愿望,以及来自消除外部环境不断影响,使得专业在质疑中起步,在不懈中前行的耐心更为坚定,久久为功,一张蓝图绘到底。首先,专业教师要有把专业办好的决心,遵照"以服务为宗旨、以就业为导向"的职业教育办学方针,根据自身实际条件办专业,最大限度地发挥教师主动性和积极性;其次,增强学生的自信心。学生在选择专业时就了解入口的要求、培养教育过程的要素指标,以及出口就业情况和薪资水平。新生看到学长学有所就,就能看到未来和希望,也就会鼓起勇气,积极上进。最后,管理上的自信。学生的日常管理警务化,每天受到比较严格的训练和习惯养成,集体精神和大局观念比较强,并时刻把这些要素融入素质提高和素养培育之中,融入职业教育之中。

(二) 切合实际

专业办学要根据主客观条件开展专业建设工作,不气馁。专业建设首先面临是专业教师队伍人员不足的问题,其次面临的是文科院校缺少必要的实习实训设备。因此,专业建设不能靠等,要因地制宜、创造条件办好专业。一是要超越文科院校办理科专业的思想束缚,超越专业办学条件的限制,充分挖掘校内外专业办学资源,且重点放在校外资源开发上。二是要发挥专业教师主观能动性,积极落实人才培养方案的实施工作,撰写课程实施方案,尽最大可能把教育教学工作做好。三是要积极主动联系企业,真诚对待与学校合作的企业,帮助企业解决合作中出现的问题,尽可能地给学生提供较好的实习实训环境,促使学生在实践中尽快提高技能水平。四是要根据专业自身的特点坚持理论研究与实践研究,进行理论创新和实践创新,把专业建设得更好。

(三) 校企合作

教高〔2004〕1 号、国发〔2005〕35 号、教高〔2006〕16 号都明确要求"大力推行校企合作、工学结合的培养模式,与企业紧密联系,加强学生生产实习和社会实践"。此时,防火管理专业已与 16 家企业进行合作,但合作还比较粗放,不够理性,制度也不完善。在实践过程中,往往这边出现问题解决这边,那边出现问题解决那边,老师们疲于奔波。介于存在的问题,为了使校企合作更好地融入人才培养过程中,专业提出了"一对多"校企合作联盟的设想,撰写了加入联盟意向书,制定了章程,商定了运行机制,补充了校企合作协议内容,制度建设得到了大大改善,校企联盟必将增强校企合作的粘合性。此时的专业建设把校企合作、工学结合当作教育教学中心工作来抓。

(四) 活动育人

通过文化活动丰富育人内涵。文化活动是指学生参加学校每年举办的文化系列活动和日常警务化活动,形成特有的活动育人的系统设计。文化系列活动分为规定项目和自选项目。规定项目是由系团总支学生会于年初策划与设计,主要包括主题活动、文化节、体育节、劳模进校园、感恩父母等活动项目,每名学生根据自身情况自行选择,每人至少参加两个子项目,以此增强集体精神和团队意识。自选项目由学生根据本专业特点,以专业知识技能竞赛为主线,各专业自行设计创意项目,主要培养学生创新创业能力。通过强化日常事务警务化管理方式,把日常事务变成学生活动的内容,以活动育人。活动创建文化品牌,校园警营文化构建育人体系。

(五) 双证书

双证书是指学生完成学业时取得毕业证书和若干个职业资格证书。专业建立伊始的人才培养方案就已经确定了学生要获取职业资格证书的要求,并在培养人才的规格中列出 4 个职业资格证书、1 个技能量化考核要求,这次方案修订增加 1 个职业资格证书(需在岗位上获取)要求。在教学过程中强化学生获取双证书意识,狠抓职业资格证书教学内容落实,主动解决职业资格证书考前问题,调动老师训练、指导学生的积极性和主动性,使学生一次获取职业资格证书率达到90%以上,优秀率超过30%。学生除了完成专门技能量化任务外,还必须至少获取1个职业资格证书,这些措施有效地提升了人才培养质量,提升了学生的就业能力和就业质量。这与2019年国家高职"双高计划"中的"高水平专业建设要求、开展'学历证书+若干职业技能等级证书'制度(简称1+X证书制度)"具有相当完美的契合度。

五、人才培养质量效果

(一) 四届学生毕业综述

"产学研"研讨会后的人才培养方案在2007～2010级学生中得到了实施,实施结果令人满意。这主要体现在两个方面:一是人才培养方案更符合企业的用人需求,落实方案没有打折扣;二是有一批企业同意专业学生到企业进行顶岗实习,有较为稳定的顶岗实习基地。顶岗实习得到了北京京雄消防工程公司辽宁分公司、沈阳鑫安消防工程公司、沈阳永安消防工程公司、北京国家投资公司、北京费尔消防公司辽宁分公司、辽宁天一建设有限公司、沈阳万科、沈阳碧桂园、红星美凯龙集团、辽宁省人民医院等近20多家企事业单位的支持,保证了每一届、每一名学生带薪进行顶岗实习。学生通过自身努力逐步受到实习单位的认可和好评。毕业后,70%以上的实习学生被顶岗实习单位录用为正式职工,这也实证了专业人才培养方案的正确性和可执行性。

(二) 毕业生成长自述

"产学研"研讨会后的人才培养方案于2006年年底确定,从2007级学生开始实施。为此,这里选了2008级学生张昌厚致学弟学妹的一封信,他以一名学长的身份向学弟学妹们讲述学习、工作经历,实践体会,以及学生变职业人的过程。

致学弟学妹们的一封信

亲爱的学弟学妹们:

大家好!我是防火管理专业(工程技术方向)2011届毕业生张昌厚,现在是一名消防工程管理人员。时光荏苒,转眼间,我已经毕业6年了。回首过去,最怀念的还是菁菁校园里的美好时光。毕业这些年,在工作中,我不断经历着迷茫与探索,努力与收获;在社会广阔的舞台中,我认真地扮演着属于自己的角色,现将这些年的心路历程与大家分享。

2008年,我怀揣着梦想进入大学校园。在学校里,我的学习成绩并不是最优秀的,但我认真地对待和享受着每一个学习机会。现在回想,真的很感谢大学的学习时光,两年的校园学习和一年的企业顶岗实习让我学到了可以直接应用到实际工作中的知识与技能,这短暂而充实的三年,为我毕业后的工作打下了坚实的基础。

2010年，我参加顶岗实习。最初进入顶岗实习单位，我的实习工资为1200元。在此期间，我参与了一个公司变电所消防报警系统改造工程，该项目不大，但这是我参与的第一个消防工程项目。之后，我陆续参与了龙湾海滨人防消防项目、凤凰饭店二标段消防项目、本溪盛京医院教育研究基地二期项目、盛京医院沈北院区二期消防项目、长春铁路货场中心消防项目、仙人岛度假村消防项目等。如今，我所管理的项目体量比最初的变电所改造工程体量要大很多，但回想起来，第一个项目永远是最难也是最重要的。

工作以来，我一直秉持脚踏实地、务实不浮躁的工作态度，自己不懂的地方付出多倍的努力去弄懂，再加上一点点的机遇，我从一名普通的毕业生一步步走到现在的工程部部长职位。虽然我只是一名专科毕业生，但是我觉得学校教授给我的是实实在在、接地气、不浮夸的技术技能，让我成了这种培养模式下的最大受益者。

如今，在与我同届毕业的校友中，很多校友从事了本专业工作，有就职于开发商做消防管理员的，有在施工单位担任项目经理的，还有一些校友已经开始自己承包工程项目。大家的月薪为5 000~10 000元不等。从事工程管理工作，虽然辛苦，但是在风云变幻的市场经济中，扎实的专业技术会给你强大的安全感。

十分的努力，良好的性格，再加上一点点的机遇，一定会让你找到职场中的立足之地。珍惜在校的每一次学习机会，享受青春的每一处美好时光，热爱你的家人、生活与工作，用你的汗水承担起人生的责任，让我们共勉！

2011届防火管理专业毕业生　张昌厚

2017年10月30日

第三节　基于教改项目优化人才培养方案

随着新一代信息技术的发展和应用，防火管理专业（工程技术方向）所培养的人才将要面临以4G/5G技术、云技术、物联网技术为代表的新技术挑战，涉及智能建筑、智能消防、智能安防、智能家居，以及这些先进的消防系统和安防系统的建设、使用、维护的问题。与此同时，新一代信息技术的发展和应用带来的还有防火管理方式的变革问题。从经济社会发展的角度来看，这需要在新的人才培养方案中体现出新技术内容，并尽快把新技术融入人才培养之中，培养出来的人才才能更好地满足消防工程、防火管理岗位的潜在需要，将今天的前瞻认识变为明天的社会客观要求。

一、方案优化的必要性

（一）社会发展要求

随着经济的发展，国家对于消防工程、防火安全事业越来越重视，社会对此类人才的需求也将加大。据南方人才网 2009 年 4 月 29 日的报道,目前,我国仅有 20 所高校开设消防工程或防火管理专业,培养的人才远远不能满足社会的需要。虽然防火管理专业(工程技术方向)人才培养方案与当时的社会发展相适应,培养的学生也能够较好地满足行业企业需求,但是当专业发展到 2011 年时,在与专业建设指导委员会的专家们进行沟通后,实施的人才培养方案中关于信息新技术的内容还需要提炼和升华,应突出新技术的引领作用,以符合行业发展趋势。另外,课程体系结构也存在不合理的地方,还需调整。因此,需要对人才培养方案进行必要的优化、重构。此间,教育部也印发了多个针对高等职业教育的文件,强调加快推进高等职业教育的发展,更有针对性地开展专业教育教学活动。

面临即将到来的以新一代信息技术为代表的物联网时代,我们首先要及时对专业人才培养方案进行深入分析,运用新的理念和创新意识,指导人才培养方案的修订。也就是说,要用新一代信息技术思想修订人才培养方案,使专业培养出的人才能更好地顺应社会和经济快速发展的要求。

方案优化的内涵是:适应未来,具有一定的前瞻性,更具有针对性,能全面提高专业教学质量。于是,基于信息技术优化人才培养方案,我们申报了辽宁省教育厅高等教育教学改革研究项目"基于信息技术防火管理专业(工程技术方向)人才培养方案优化研究与实践"(2009 年 12 月立项,项目编号:2009312;2011 年 12 月结项,证书编号:2009178),以进行理论探索并指导实践。其间,发表相关论文《用新一代信息技术设计防火管理专业(工程技术方向)课程体系》《高职院校相关专业基于物联网的课程设置浅析》《构建基于物联网技术的企业消防报警系统》,理论成果凸显了在消防系统、防火管理中运用网络化、智能化,迎接智能时代到来的内容。

(二)政策指导要求

2011 年以来,教育部密集印发了关于大力推进高等职业教育发展、尽快建立起现代职业教育体系的相关文件。2011 年 6 月,教育部印发了《关于充分发挥行业指导作用推进职业教育改革发展的意见》(教职成〔2011〕6 号)。《意见》指出,鼓励行业企业全面参与教育教学各个环节,推进产教结合与校企一体办学,实现专业与产业、企业、岗位对接;推进构建专业课程新体系,实现专业课程内容与职业标准对接;推进人才培养模式改革,实现教学过程与生产过程对接;推进建立和完善"双证书"制度,实现学历证书与职业资格证书对接。

2011 年 8 月,教育部印发了《关于推进中等和高等职业教育协调发展的指导意见》(教职成〔2011〕9 号)。《意见》指出,要以对接产业为切入点,强化职业教育办学特色;以内涵建设为着力点,整体提升职业学校办学水平。《意见》还指出,要适应区域产业需求,明晰人才培养目标;要深化专业教学改革,创新课程体系和教材。要强化学生素质教育,改进教育教学过程;要坚持以能力为核心,推进评价模式改革;要加强师资队伍建设,注重教师培养培训;要推进产教合作对接,强化行业指导作用;要发挥职教集团作用,促进校企深度合作。

2011年8月,教育部又印发了《关于推进高等职业教育改革创新引领职业教育科学发展的若干意见》(教职成〔2011〕12号)。《意见》指出,要服务经济转型,明确高等职业教育发展方向;要加强政府统筹,建立教育与行业对接协作机制;要创新体制机制,探索充满活力的多元办学模式;要改革培养模式,增强学生可持续发展能力;要改革评聘办法,加强"双师型"教师队伍建设;要改革招生制度,探索多样化选拔机制;要增强服务能力,满足社会多样化发展需要。

2011年9月,教育部印发了《关于支持高等职业学校提升专业服务产业发展能力的通知》(教职成〔2011〕11号)。《通知》指出,当前高等职业教育还突出表现为:管理体制和运行机制不灵活,办学活力不足;专业设置与产业发展脱节,课程教学内容与行业技术应用脱节,教学手段和方法针对性不强。师资队伍的数量、质量与结构不能满足高端技能型专门人才培养的要求,"双师"结构教师队伍的建设和管理制度尚未建立。毕业生实践能力和职业态度不能满足工作要求,学校的实训实习条件、职场环境亟待加强。其后,教育部、财政部决定于2011—2012年实施"支持高等职业学校提升专业服务能力"项目建设,目的在于支持高等职业学校专业建设、提升高等职业教育服务经济社会能力。2012年,防火管理专业(工程技术方向)有幸获得了教育部、财政部"支持高等职业学校提升专业服务能力"的项目支持,建设支持资金为130万元,资金的到来对专业发展起到了不可或缺的积极作用。

二、方案优化的可行性

(一)具备了新技术认知能力

通信网络、物联网、智能终端、高性能集成电路和以云计算为代表的高端软件等新一代信息技术的发展,对防火管理专业(工程技术方向)的人才培养将会产生深刻影响,尤其是以物联网技术为核心的智能建筑、智能消防、智能家居、智能安防的开发应用,更是直接要求所培养的学生要适应社会发展的要求,掌握相关知识和能力。

专业教师和相关技术人员经过多年积累有深入的研究基础,能够把握好新一代信息技术融入专业课程体系的尺度。专业带头人一直跟踪新一代信息技术发展,并于2010年着手编写物联网方面的教材,发表了两篇教学与信息技术有关的论文;专业负责人一直与企业保持联系,时刻关注新技术的应用,同时在探索信息技术如何与教学相结合方面发表了论文。团队中的其他教师有的是网络系统分析师、网络工程师,有的是电气工程师、一级建造师和二级建造师,他们从专业的视角分析把新技术引入专业建设中的可能性和迫切性,以及对融入的具体看法和建议。

（二）具备了专业领域发展熟知能力

伴随着计算机技术、物联网技术等新一代信息技术的应用,现代消防安全设备和系统已经进入数字化时代,并逐步进入智能化时代。而现实的企事业单位从事防火工作、掌握防火知识的专业人才素质现状却令人担忧,整体学历水平较低,面临着大部分从业人员知识亟待提升、人员老化、结构不合理的问题。问题的解决一方面需要通过培训提高其专业技术能力,另一方面就是接收专业毕业的大学生,把新技术带到企业中去,使企业较好地应对经济社会发展的挑战。本专业就是针对北方地区,尤其是辽宁区域消防工程、防火管理方面技术技能人才的短缺而开设的,培养掌握消防工程技术、施工操作规范和防火安全管理技术技能人才。

（三）具备了专业岗位需求判知能力

通过调查、分析学生就业情况和总结近几年专业教育教学经验,得出岗位应具有基于信息技术掌握消防工程技术、防火安全管理知识结构合理的人员,主要体现在以下三个方面。

1.懂技术、能施工的技术技能人员

消防工程施工领域的从业人员必须具有一定的实践能力和知识结构,这除了体现在掌握消防系统的核心知识能力外,还应体现在消防系统中的工程绘图、看图、改图能力,网络综合布线能力,工程概预算能力,以及智能消防、智能安防相关知识和技术,而这些能力和技术的掌握都是基于计算机技术、物联网技术在系统中的应用得以实现的。

2.掌握现代防火知识及装备人员

城市的扩大,建筑的高层化、智能化、信息的网络化及各种设施的复杂性,使得消防系统安全运行越来越重要,按照国家建筑规范,必须配备相应的消防设施,因此确保防火装备的正常使用和运行,也就成为各企事业单位重要的工作要求。防火安全管理岗位急需招聘了解国家相应防火管理规范,掌握现代防火设备及其性能,懂维护维修的管理人员。

3.消防系统智能化凸显对人才新要求

采用最新的物联网技术和云计算技术的智能消防系统,可帮助消防部门远程监督重点单位的消防"巡查"数据。例如,在室内消火栓上镶入智能芯片,可以把消防日常巡查工作从传统纸笔记录转变为高科技信息采集,帮助消防部门远程监督消防巡查状态。与此同时,消防自动报警系统的网络化、信息处理自动化必将向更为智能的方向发展,消防控制中心可自动获取报警前端的报警信息（如地理位置、周围环境、房屋特征、楼层、报警原因等）,减少了报警时间,为事故的处理赢得宝贵的时间。所以,在教学过程中要不断完善基于新一代信息技术的专业人才培养方案,丰富教学内容及内涵,构建新的课程体系。

三、方案优化的实践判断

(一) 培养目标新要求

防火管理专业(工程技术方向)培养适应社会主义经济建设需要,德、智、体、美全面发展,掌握现代消防工程技术、施工操作规程和消防管理全面知识,具有组织消防工程施工、工程概预算、工程档案管理,消防系统运行管理、维护维修的能力,具备组织实施防火安全管理工作的能力,适应消防工程与管理一线岗位需要的技术技能人才。

(二) 培养规格新要求

培养的人才除学完学业规定的课程并达到考核标准外,还应具备以下素质和能力。

(1) 具备良好的政治思想素质、职业道德和敬业精神,要有健康的心态,注重素养的提高及用科学的思维方式思考问题;

(2) 具备不断适应消防工程与管理一线岗位需要的实际工作能力和创新意识;

(3) 具有较好的表达能力、沟通协调能力及合作能力;

(4) 具有将新技术融入经济社会的认知能力;

(5) 应达到的能力(必须达到)与获取的职业资格证书(至少1个)如下:

① 阅读专业外文资料的初步能力,熟练进行中英文打字(中文打字50字/分以上);

② 消防部门的岗位证书,即消防上岗证(消防部门);

③ 全国电力部门的电工入网证(电力部门);

④ 全国计算机办公软件应用操作员证书(劳动部门);

⑤ 中级 CAD 绘图员资格证书(劳动部门);

⑥ 工程预算员资格证书(岗位上考取)。

四、方案优化的理念支撑

(一) 理论创新的支撑

编者于 2010 年 10 月发表的《高职院校相关专业基于物联网的课程设置浅析》论文,较早地认识到了新一代信息技术应用的前景及对消防系统建设的影响。论文就物联网技术的飞速发展将给物联网人才的需求带来"危机",人才短缺或成为制约物联网发展的瓶颈。作为高职院校,以培养高技术技能人才为责任,论文分析了物联网人才短缺的现状和高职教育的特点,并找到了高职和物联网融合点的路径,着重探讨了高职院校开设物联网课程的建设问题,就如何开设物联网技术课程起到了积极的建言作用。

2011 年 10 月,编者又发表了《用新一代信息技术设计防火管理专业(工程技术方向)课程体系》和《构建基于物联网技术的企业消防报警系统》的文章,指出新一代信息技术的发展将加快消防系统智能化的实现,尤其是物联网技术的应用将为防火管理和灾难的发生"插上可预知的翅膀"。文章深入论述了基于新一代信息技术如何设计防火管理专业(工程技术方向)课程体系的结构和系统的智能化,指出了物联网技术应用到消防系统的必然性,强调了物联网技术在防火管理专业(工程技术方向)课程体系的关系及作用。

(二) 高职教育规律认知支撑

防火管理专业(工程技术方向)的人才培养也应在物联网时代来临之前,结合职业教育要求,探索出新的课程体系,调整人才培养方案,以更好地服务社会。方案优化应围绕以下原则。

1. 以产业为基础,服务区域经济

物联网是继计算机、互联网之后世界第三次信息产业浪潮发展的核心。2009 年8 月,时任国务院总理温家宝就提出"感知中国"的国家发展战略,标志着中国物联网产业正式扬帆起航。物联网技术作为新一代信息技术的核心在消防系统的应用会越来越普及,例如文章《"物联网"成为消防救灾新兵》提出:"无锡市公安消防支队充分利用无线传感'物联网'技术,研发了'家庭火灾智能救助系统',实现了住宅火灾和紧急事件的远程智能监控和救助等。"这些技术的实现需要了解、掌握必要的传感器技术、RFID 技术、无线传输技术等知识和专业技能,进而会应用不同的技术和产品,达到适应产业发展、服务区域经济的目的。

2. 以行业为先导,坚守行业规范

专业人才培养方案中的课程体系设计在满足消防行业发展要求的同时,也应满足新时期的行业法规、规范的要求。物联网技术应用的过程会使消防行业对消防产品的设计、生产和安装产生新的要求,新技术及相应的国家规范也会有新的变化。当时,《建筑设计防火规范》(GB 50016—2006)正处于修订中,对于《建筑设计防火规范》内容的变化,教师授课时要讲述清楚,以备学生工作时能心中有数。同时,智能建筑、智能消防、智能家居将逐渐进入社会中,必将引发《火灾自动报警系统设计规范》等规范的修改,课程体系要体现出与时代发展相适应的行业规范要求。

3. 以企业为依托,服务企业要求

不断提高整合企业资源的能力,积极吸引消防行业有影响的企业、骨干企业参与学院人才培养方案的修订当中,将企业对人才的需求融入课程开发中,实现真正意义上的校企合作、共同育人。通过外派专业教师到企业学习锻炼,把企业技术骨干请进课堂,建立校企合作联盟等多种方式,相互了解新技术的应用,从而整合出符合企业要求的课程体系方案。通过"一对多"校企合作模式进行积极探索,使培养的学生在顶岗实习阶段就能较好地适应企业,为将来进入工作岗位奠定较好的基础。

4．以职业为发展，体现职业技能

高职教育的职业性要求人才培养方案应引入职业资格标准，使学生的职业能力得到提高。不仅要将消防职业中相关证书考取的知识点融入教学中，还应将涉及的有关信息技术的内容融入课程体系中。例如，计算机操作员证书、CAD绘图员证书、综合布线资格证书，并为考取建造师资格证书、工程师证书、工程预算员证书、建（构）筑物消防员资格证书做好准备等，使职业教育与证书考取实现"无缝"对接，以促进学生对专业知识的掌握、能力的培养和职业素质的提高，为学生未来的发展提供支撑。

5．以实践为支撑，增强专业能力

完善实习实训基地建设，进一步完善"2＋1"教育教学模式和校企共同育人模式，把实践成果及时、有效地应用到课程体系建设当中。在为期一年的顶岗实习阶段，开展项目教学、实践教学，提高学生职业岗位能力，以符合职业要求。截至2012年，专业已与40余家企业建立合作关系。为了更好地体现出实践性、职业性的特点，本专业建立了"一对多"校企联盟的工学结合模式，以适应企业对高职学生的能力要求。

五、优化的人才培养方案

专业人才培养方案的完善是引领专业建设发展的核心，不管高职教育发展到什么时期，都需要随着社会的发展对它进行不断完善或提出更好的方案。因此，在教学活动中，首先要对专业人才需求和行业发展加以深入研究，提出解决方法并实践，从而加快促进专业建设与发展。

随着科学技术的进步，防火管理专业（工程技术方向）课程体系应体现出两个方面的知识内容：一是基于信息技术的工程施工过程的技术技能人员的培养，使其成为消防系统需要的工程领域的人才，适应新一代信息技术在现代消防系统中应用越来越广泛的实际。二是基于信息技术的防火安全管理人员的培养，主要包括了解消防设备的性能，且有维护维修设备的能力，使消防系统更好地发挥作用。因此，如何制定出符合时代要求的专业人才培养方案成为当务之急。

（一）优化的方案内涵

由物联网技术、云计算、大数据构建消防信息中心的时代即将到来，这必将全面提升现有消防安全管理水平。专业人才培养方案的课程体系设计提出了"基于新一代信息技术"的方案。将目前执行的"一核心（消防系统），一重点（工程施工规范），三掌握（工程CAD技术、网络搭建技术、工程概预算技术）"的课程体系优化为"一核心（消防系统），二重点（工程施工规范和防火安全管理），三掌握（工程CAD技术、网络综合布线技术、工程概预算技术）"的课程体系。从最初"131"到中期"113"，再到优化后"123"核心课程体系（与教育部2019年印发的《关于职业院校专业人才培养方案制定与实施工作的指导意见》中要求"专业确定6～8门专业核心课程"相吻合）。也就是说，将当时执行的一个重点拓展为两个重点，网络搭建技术拓展为网络综合布线技术；同时，在新的课程体系中增加以物联网技术为核心的新一代信息技术方面的内容,如传感器技术、RFID 技术、网络技术、无线传输技术等。在获取职业资格证方面,增加了综合布线职业资格证书,使学生更能适应未来的信息时代要求。

（二）优化的方案结构

以"一核心,二重点,三掌握"为核心的课程体系,其根本是体现基于新一代信息技术,也就是充分考虑新一代信息技术在消防中发挥的不可替代的重要作用。优化后的专业人才培养方案的课程体系结构分为三个层次,如图 2-3 所示。

第一个层次是基于信息技术的课程。例如,计算机应用基础、物联网技术、数据库应用等。

第二个层次是支撑消防系统工程与防火安全管理岗位的课程。例如,建筑概论、工程制图、避难诱导及现场救助、电工电子技术、安全防范技术、工程法律实务、电气防火、消防技术设备等。

第三个层次是从事消防系统工程设计施工与防火安全管理岗位的课程。例如,消防四大系统(建筑消防给水系统、火灾自动报警系统、建筑通风与排烟系统、建筑气体灭火系统)、工程施工规范、防火安全管理、工程 CAD 技术、工程概预算技术、综合布线技术等。

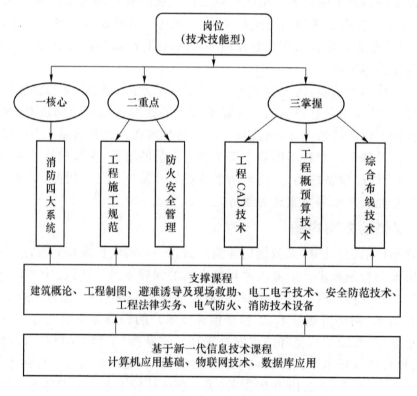

图 2-3 优化后课程体系结构图

校内课程结束后,是学生参与企业顶岗实习的阶段。学生利用第三学年的学习时间到企业进行有针对性的岗位实习锻炼,将学到知识与实际问题有效地结合起来,为毕业后就业打下坚实的基础。

从专业人才培养方案课程体系三个层次可以看出,信息技术课程是基础,凸显计算机技术、物联网技术在智能消防、智能建筑、智能家居中的作用;消防工程与防火安全管理涉及的实务和技术课程是支撑,着重点在于岗位需要的必要知识及实务技术;消防工程与防火管理岗位所需课程是核心,突出岗位操作能力,使学生毕业后能够在尽可能短的时间内成为企事业的骨干。

高等职业教育高质量发展的核心和重要载体是课程建设。课程建设是体现高职学校竞争力的核心要素和专业建设的重要任务,也是职业教育内涵建设的关键,可以破解职业教育的根本问题。防火管理专业课程体系基本融入了职业教育五要素,即服务区域经济发展、坚持行业标准和规范、打造个性化课程、体现职业资格证标准和提高职业岗位能力。

六、第三阶段人才培养关键词

专业人才培养关键词从第一阶段"知识适度、理实结合、校企合作、就业导向"四个方面,第二阶段"坚定自信、自身实际、校企合作、文化活动、双证书"五个方面,向第三阶段"深耕合作、课程开发、警营文化、机制育人"拓展。人才培养方案实施对象为2011~2016级学生。

(一) 深耕合作

这里是指扎实推进、深耕校企合作关系。2012年,本专业在已有13家核心稳定企业合作的基础上,构建了"一对多"校企合作联盟,制定了联盟章程,明确了运行机制,使得校企合作有章可循,避免了前期校企合作出现问题。在紧密的校企合作的基础上建立师徒关系,充分发挥了企业在高等职业教育中的主体作用。学生的工学结合有了更多机会,且对其有一定的主导权。学生根据企业事先公布的顶岗实习岗位需求报名,然后由企业面试,实行双向选择;录用后,学生与企业签订顶岗实习协议,学校给学生购买顶岗实习人身保险,学生就进入了工学结合阶段。同时,联盟成员也在不断扩大,到2016年,校企合作企业有43家,其中核心企业26家,学生实习实训基地也提升到"小专业""集团化"的概念上来,学生的就业指向性更强,质量更高。

(二) 课程开发

课程建设是提高教学质量的核心,课程是教育创新涉及的第一个关键领域,这是学生学习、体会的领域,任何教育教学创新都离不开教学法和教学大纲的设计。课堂是教与学的主阵地,是质量生成的关键环节,也是教育教育教学改革的核心地带。坚持四个课堂与联合国教科文组织对当代教育提出的"四个学会"对接:教学课堂(含校外)解决学生"求知"问题;实践课堂训练学生"做事"能力,解决"知"和"行"的问题;警营文化课堂训练学生"共处"方式,提高为人处事的能力;素质拓展课堂培养学生品格,培养乐观向上、积极进取的精神。基于与此,校企共同开发课程不仅要开发好理论课程内容,还要开发好实践课堂内容,校企共同编写了《建筑消防给水系统项目应用教程》《AutoCAD 2014 消防制图项目实践教程》《避难诱导与现场救助项目案例教程》,规范了课程授课形式、教学内容、要求标准。

(三)警营文化

课堂之外更大的系统就是校园文化,这是教育创新第二个关键领域,其核心是学校的办学理念和价值追求,其标志是教师的素质、学生的素质和学校的校园风气。我们学校的校园文化是以警营文化为特征,以社会主义核心价值观为引领,开展校园文化建设。警营文化建设是以每日警务活动(起床、早操、整理内务、集合进教室、起立、报告、上课等)为前导,以每年一个主题的文化系列活动为依托,同时还要组织开展"大学生心理健康活动月""毕业生回校交流""一学期读一本书"等活动,以活动育人,并把活动上升为文化,使学生素养进一步提升、素质进一步提高。在校期间,系主任、教研室主任、专业教师、企业人员定期、不定期与学生沟通,形成"倾听学生心声、贴近学生需求、关心学生成长、促进专业发展"的良好氛围,将"成人、成器、成事、成功"教育贯穿于人才培养全过程,真正做到"三全"育人。企业认可专业毕业生,很大程度上是因为学生的能力和素质得到了肯定。

(四)机制育人

机制育人是指在"一对多"校企联盟的基础上,通过建立的"小专业""集团化"实习实训基地的形式,共同培养人才的过程。问题是时代的声音,理论是解决问题的武器。专业人才培养在"2+1"教育教学模式中面临的最突出的问题是怎样解决"1"的问题。从专业开办之初企业能接收学生顶岗实习就算校企合作了,发展到一定时期出现了问题该如何解决呢?专业团队(包括企业人员)首先想到的是要进行理论创新,并以省级教研课题形式进行研究,一一给出答案,然后逐一应用到实践中。出现问题后进行理论创新,使校企合作找到比较好的融合点,合作起来比较顺畅,易于达到合作的目的。例如,北方的消防工程施工时间只有每年的 4~11 月,按照"2+1"模式,这个"1"最快得 7 月末进行顶岗实习,这时工程施工任务最重,人员最要紧,工程时间过半,学生到来不能马上顶岗工作,而且企业人员没有时间带他们。于是,企业提出能否早一些时间到企业来,经校企共同分析是可行的,调整一下教学时间,在不减少教学内容的情况下,将顶岗实习开始时间提前到 5 月中下旬,并在校企合作的机制下进行。

七、人才培养质量概览

(一)基于教学评估的检验

2013 年 11 月,防火管理专业(工程技术方向)作为两个专业之一,代表学院在专业建设上向省高职教育评估专家组进行专业剖析汇报,专家们充分肯定了专业建设办学方向及取得的成果,并最终给出最高 A 级评估结果。评估取得好成绩的体会有如下四点。

1. 提高认识,目标明确

统一认识是先导。自专业开办以来,这是第一次接受专家对专业建设的全面"体检"。能否搞好评估工作并顺利通过评估,关键在于专业师生的精神状态、工作状态,在于他们积极性和创造性的发挥。因此,把师生、员工的认识统一到"以评促改、以评促建,评建结合、重在建设"的要求上来,增强上下的凝聚力和战斗力,当作搞好迎评工作的重要措施来抓。要以团队协作展开评估准备工作,通过召开多次教研室迎评工作会议,学习、领会评估方案精神和指标体系内容,统一思想,明确评估工作的目的和意义,确立专业评估的指导思想和工作思路:抓住机遇,硬件软件同时抓,力争硬件合格,软件优良,促进专业的建设发展;确定专业评估的方针:广泛发动、全员参与、切实整改,讲求实效;确立专业评估的目标:以优秀标准为目标进行建设,力争评估结果良好。以评促改、以评促建迎接评估成为专业全体师生关注和行动的热点,形成了人人重视评估,人人参与评估的氛围。

2. 积极准备,时时自评

成立由专业团队负责人为组长、教研室主任和系办公室主任为副组长,团队人员为成员的专业评估工作小组。组长主要负责评估工作的整体指导,副组长负责制定评估工作实施方案及落实,发放工作任务书,填报平台数据,撰写自评报告等工作。全体成员负责收集相应的资料,进行整理分析。2013 年 9 月下旬,工作小组制定了评估工作实施方案,保证了专业评估与日常教学工作的有机结合和协调开展,并利用周末及晚上等休息时间认真完成专业指标体系的第一阶段数据填报工作。2013 年 10 月中旬,评估工作进入说课和专业剖析阶段。在系组织的说课比赛中,专业教师孙红梅和张丽丽脱颖而出,代表专业团队参加学院的说课比赛,两位教师表现出色,获得了学院教师说课一、二等奖。专业剖析比赛也如期开展,获得了一等奖的好成绩。其间,进一步坚定了专业的办学定位,切实为专业建设解决了问题,专业申请的国家 130 万专业建设费用得到落实(专业 CAD 实训室、安全防范系统实训室、工程概预算实训室等在积极建设中),这为专业剖析工作的顺利开展提供了重要资金保障。制度建设上查漏补缺进一步完善,利用评估的良好契机,专业大力推进教学改革的步伐,教师有了新的设想并在教学中逐步实施。

3. 存在不足,积极改进

在专业评估取得好成绩的同时,专家们也指出了专业建设上的不足,提出了中肯的意见和建议,并确定了专业整改工作的指导思想:针对问题,提出措施;统筹规划,分步实施;突出重点,注重实效;建改结合,巩固成果。整改的主要内容为:一是在专业实训室建设上,目前专业实训项目主要靠到校外完成,多年来困扰我们的主要是资金问题。专业申请的国家专业建设项目资金130万元用于专业的实训室建设,此问题得到解决。二是进一步加强师资队伍建设,在数量和质量上做了具体规划,专业教师不足,教研室成员目前年均授课量达400左右学时,是正常授课任务的两倍,解决方案为招聘教师,这需要等待学院进一步落实。三是进一步深化教学改革,在培养方案、课程建设、教学改革、教材建设,以及教学内容、方法、手段等方面制订了切实可行的计划。

4. 满满收获,不断前行

通过此次评估,专业取得了三个方面的收获:一是调动了专业师生员工的积极性,增强了专业团队的凝聚力,并成为今后工作的力量源泉;二是锻炼了专业师资队伍,通过出色地完成难度大、标准高、任务重、时间紧的工作,积累了不少经验,增强了建设好专业的信心;三是通过自评和评估专家的建议,对专业办学中存在的问题与困难,看得更清楚、更全面,进一步明确了今后的努力方向、工作任务和重点。

专业以这次教学工作评估为新的起点,切实抓好整改工作。专业制定了整改方案并逐一落实,引导团队成员继续发扬艰苦奋斗、开拓进取的精神,以改革为动力,扎扎实实、高质量地推进专业各方面的建设与管理,努力培养出优秀人才,为振兴辽宁经济和国家消防领域工作多做贡献。

(二) 毕业生成长自述

刘金秋同学自述

我是辽宁公安司法管理干部学院2014届公共安全技术系防火管理(工程技术方向)专业的毕业生。2013年6月,在教研室主任孙红梅等专业老师近2年的悉心教导及热心帮助下,我走出了校门,来到了我的顶岗实习单位也是目前在职的企业——辽宁强盾消防工程有限公司。一转眼,时间已过去4年之久,在这段时间里,有过辛苦,收获过果实,慢慢积累成长。

步入公司大门,便开始简单岗前培训。一天后,我跟着师傅上岗,我做的是审计工作,即审批工程人工费,虽然听起来很简单,但包括很多项工作内容,整个项目所有的消防系统工程量、付款单价及付款金额审核。在师傅的亲切指导下,截至2013年年底,我共参与、负责3个项目,分别为呼和浩特万达广场、山东济宁万达广场(51万平方米)、山东潍坊万达广场(45万平方米)。除了负责审计工作外,我还兼任公司COO助理,协助公司COO的工作,如负责周一例会的会前准备工作及平时公司内部消息的传送。2013年,我获得了辽宁强盾消防工程有限公司优秀新人奖。

2014年,我又完成了在建的4个项目的审计工作。这4个项目为:山东泰安万达广场(66万平方米)、山东东营万达广场(80万平方米)、山东德州万达广场(59万平方米)、哈尔滨江北万达文化旅游城(84万平方米)等；我还做了11个结算竣工项目：成都万达、呼市万达、哈尔滨西万达、广州增城万达、山东济宁万达、上海松江万达、西安大明宫万达、武汉K1万达、武汉K5A万达、武汉K8万达、武汉K9万达等。同时，我还担任部门助理内勤，负责部门内部资料归档、办公用品管理等各项事宜。虽然工作辛苦，但也在不断地提升自己。

2015年，我最主要的工作就是结算工作和2014年未完工项目的人工费审批工作。结算工作就是根据竣工图纸，核算出工程所需材料量及所花费的人工费，并与乙方分包进行核对确认。2015年，我共结算7个项目，分别为山东德州万达、广州番禺万达、湖北荆州万达、山东东营万达、北京通州万达、山东潍坊万达和宁夏银川万达，并仍继续担任部门助理，负责内勤工作。

2016年至今，我完成人工费审批项目7个，分别为北京丰台万达(25万平方米)、四川郫都区万达(90万平方米)、安徽合肥万达文化旅游城(87万平方米)、四川广元万达(31万平方米)、四川内江万达(50万平方米)、四川绵阳万达(55万平方米)、四川青羊万达(33万平方米)等；结算7个项目：安徽合肥万达、四川郫都区万达、西安渭南万达、抚顺万达、四川广元万达、湖北荆门万达、江北万达文化旅游城等。新任工作有为乙方分包考勤管理、工人工资卡办理工作，分包、大包、甲方合同归档工作，结算资料归档工作等。

感谢母校对我们的教育，让我们能自信地步入社会的大门。感恩亲爱的老师们，感恩母校！

2017年7月

吴佳琪同学自述

我是2015届辽宁政法职业学院防火管理(工程技术方向)专业毕业生吴佳琪。我于1993年出生于辽宁朝阳市，2012年考入大学。在大学校园里，我积极参加学校组织的各项活动，成为学生会一员，大一下学期以优异的成绩获得了二等奖奖学金。

2014年，经孙红梅老师推荐，我进入沈阳鑫安消防工程有限公司，成为一名实习文员。在公司实习期间，我努力工作，认真钻研，勇于创新。我结合学校学到的办公软件技能，熟练运用计算机，掌握必要的Office办公软件。得益于大学期间用心参加社会实践活动和各种文体活动，培养和锻炼了我的组织与社交能力。在公司，我对同事团结友爱，对上司恭敬万分，善于总结归纳和沟通，有良好的团队合作精神。

2015年，我大学毕业。毕业后，因热爱消防事业，我一直留在沈阳鑫安消防工程有限公司工作。我在工作上认真负责，善于沟通协调，有较强的组织潜力与团队精神；我活泼开朗、乐观、上进、有爱心，并善于施教并行。

在公司任职期间，我以"黄沙百战穿金甲，不破楼兰终不还"的精神完成领导分配的任务，两年的努力工作受到了上司的肯定、同事的认可、合作单位的称赞。2016年，我成为沈阳鑫安消防工程有限公司的办公室主任。在任职期间，我对上恭敬，对下不傲，以饱满的热情、认真的工作态度完成领导下达的各项工作任务；以亲和的态度对待每一位下属,每次帮他们解决困难时,他们露出会心的微笑也是我工作中最开心的时刻! 同时,因为我熟悉消防工程的各项技能和有丰富的工程实践经验,所以对于公司工程问题,我也能够很好地从专业知识角度进行沟通和解决,并得到工程部的认可。

在未来的工作中,我将以充沛的精力、刻苦钻研的精神来努力工作,稳定地提高自己的工作潜力,与公司同步发展。我有一颗热爱工作、热爱生活的心,我相信只要有勇闯的冲劲,就没有克服不了的困难!

我的人生格言是:生活没有什么是困难的,只要敢于挑战,纵使前方荆棘铺路,我们也会披荆斩棘,所向披靡!

2017 年 6 月

第四节　基于校企一体化育人培养方案

我国从 1997 年全面进行高等职业教育开始到 2019 年,已有 20 多年的高职教育经历,国务院、教育部近 30 次以"决定""意见"的形式要求尽快提高高职教育质量,并系统规范了建立现代职业教育体系,在人才培养上要根据自身情况,不断总结教学经验,探索出适合专业发展的培养模式。2015 年,教育部要求以诊断与改进教学工作的方式提高人才培养质量,并以制度的形式固定下来,促进专业建设更好的发展。2016 年 4 月,我们召开了"防火管理专业落实高职创新行动发展计划"校企对接座谈会,在校企合作比较充分的基础上,深入分析校企一体化育人存在的问题,探索解决问题的路径。这是第三次校企合作研讨会。

一、诊改政策基础

2015 年 6 月,教育部印发《关于建立职业院校教学工作诊断与改进制度的通知》(教职成厅〔2015〕2 号)。《通知》要求,从今年秋季学期开始,逐步在全国职业院校推进建立教学工作诊断与改进制度,全面开展教学诊断与改进工作。这具体是指学校根据自身办学理念、办学定位、人才培养目标,聚焦专业设置与条件、教师队伍与建设、课程体系与改革、课堂教学与实践、学校管理与制度、校企合作与创新、质量监控与成效等人才培养工作要素,查找不足与完善提高的工作过程。

《通知》还指出,专业诊改要以行业企业用人标准为依据,设计诊断项目,以院校自愿为原则,通过反馈诊断报告和改进建议等方式,反映专业机构和社会组织对职业院校专业教学质量的认可程度,倒逼专业改革与建设。

2015 年 7 月,教育部印发《关于深化职业教育教学改革全面提高人才培养质量的若干意见》（教职成〔2015〕6号）。《意见》指出，统筹推进活动育人、实践育人、文化育人，广泛开展"文明风采"竞赛，"劳模进职校"等丰富多彩的校园文化和主题教育活动，把德育与智育、体育、美育有机结合起来，努力构建全员、全过程、全方位育人格局。

《意见》指出，要深化相关专业课程改革，突出专业特色，创新人才培养模式。创新校企合作育人的途径与方式，充分发挥企业的重要主导作用。

《意见》还指出，对接最新职业标准、行业标准和岗位规范，紧贴岗位实际工作过程，调整课程结构，更新课程内容，深化多种模式的课程改革；要适应技术技能人才多样化成长需要，针对不同地区、学校实际，创新方式方法，积极推行技能抽查、学业水平测试、综合素质评价和毕业生质量跟踪调查等；要按照教育部关于建立职业院校教学工作诊断与改进制度的有关要求，全面开展教学诊断与改进工作。

2019年2月，国务院印发《国家职业教育改革实施方案》（国发〔2019〕4号）文件，《方案》指出，启动1+X证书制度试点工作。试点工作要进一步发挥好学历证书作用，夯实学生可持续发展基础，鼓励职业院校学生在获得学历证书的同时，积极取得多类职业技能等级证书，拓展就业创业本领，缓解结构性就业矛盾。

《方案》指出，借鉴"双元制"等模式，总结现代学徒制和企业新型学徒制试点经验，校企共同研究制定人才培养方案，及时将新技术、新工艺、新规范纳入教学标准和教学内容，强化学生实习实训。职业院校应当根据自身特点和人才培养需要，主动与具备条件的企业在人才培养、技术创新、就业创业、社会服务、文化传承等方面开展合作。厚植企业承担职业教育责任的社会环境，推动职业院校和行业企业形成命运共同体。

《方案》还指出，以学习者的职业道德、技术技能水平和就业质量，以及产教融合、校企合作水平为核心，建立职业教育质量评价体系。推进职业教育领域"三全育人"综合改革试点工作，使各类课程与思想政治理论课同向同行，努力实现职业技能和职业精神培养高度融合。

二、人才培养方案诊断

专业人才培养方案的制定是衡量一个专业建设的首要环节与核心标准，是教学合理运行的纲领性文件，它不仅体现了专业的人才培养理念、发展内涵、特色创新，而且也是专业不断提升的重要保障，同时也是实现人才培养目标、组织教学有序进行、监控教学环节、评价教学效果的重要依据。因此，专业的诊改是从人才培养目标进一步分析开始，进而提升和确定人才培养更高标准。

（一）诊断方法

按照2015年教育部《通知》精神，对专业的诊断和改进是一件迫在眉睫的事情，直接与社会服务能力息息相关，因此对专业再审视是必要的，也是必需的。这次专业教学工作的诊断以中医"望、闻、问、切"的形式进行，通过现状和目标的比较来发现问题和偏差，从而生成解决问题、消除偏差的愿望，再转化为学习、创新、改进的动力，促进问题和偏差尽快得到解决。

1. 望——观察

自专业开办以来,专业教研室每年都会对人才培养方案进行调整。2016 年,专业的人才培养目标为:培养适应社会主义经济建设需要的德、智、体、美全面发展,掌握现代消防工程技术、施工操作规程和消防管理全面知识,具有组织消防工程施工、工程概预算、工程档案管理,消防系统运行管理、维护维修的能力,具备组织实施防火管理工作的能力,适应消防工程与管理一线岗位需要的技术技能人才。经实践得出,该人才培养方案还存在以下问题。

(1)培养人才就业岗位过于烦琐、不明确,操作起来不够简捷;

(2)掌握技术技能还不够明晰。

2. 闻——听取

通过调研近 5 年防火管理专业学生毕业就业情况,发现在课程设置中存在一些问题,主要体现在以下两方面。

(1)课程内容存在重复现象,需要及时更新课程内容;

(2)课程需要结合时代背景及时更新。随着 2014 版《建筑设计防火规范》的应用以及注册消防工程师考试的出现,课程教学内容要随之更新。

3. 问——询问

专业定期召开专业建设指导委员会会议,有针对性地就专业发展不同阶段呈现的问题听取行业专家和企业专家的可行性意见。专业于 2006 年召开了专业开办来的第一次研讨会,当时主要解决人才培养方案中课程设置与市场需求的合理性问题;2012 年 5 月,专业召开的“小专业、大集团”校企合作研讨会,主要解决了像防火管理专业这类开办不多的小专业如何建立一个大的顶岗实习群问题,以及就业群建设问题;2016 年 4 月,专业召开的校企合作对接研讨会解决了培养的人才在学校与企业零对接问题,也就是一体化育人问题。经过不断地召开专业专家建设指导性会议,对专业的人才培养提出了完善性的意见。专家们指出,校企合作是职业院校生存和发展的内在需求,是一项系统工程。但这种模式在教育资源共享上还存在一定的拓展空间,在如何利用企业资源为职业教育服务和如何建立起校企一体化育人机制方面还需进一步努力。

4. 切——把脉

防火管理专业(工程技术方向)隶属公安类专业,办学具有工科专业性质,背靠消防行业,依托消防企业。在人才培养方案制定和建设的过程中,专业开设了包括基础课程、专业课程、顶岗实习等符合教育部需求的课程,但从整体上看,还存在缺少理实一体的教学环境和创新型课程的问题。

(二)诊断结果

结合“望、闻、问、切”的诊断,防火管理专业(工程技术方向)人才培养方案存在主要问题如下。

（1）人才培养目标定位还需进一步明晰；

（2）课程体系合理性有待进一步完善，授课内容有待进一步整合；

（3）产教融合、校企合作需进一步深化；

（4）理实一体课程及教学环境有待进一步完善。

进而，在专业教育教学"诊断与改进"中要注重三个意识，落实三项任务，抓住三个环节。意识是行动的先导，有什么样的意识就有什么样的实践，一是注重目标管理意识，二是注重及时检查意识，三是注重数据呈现意识；落实三项任务，一是制定并完善制度，二是搭建数据平台，三是建构完善机制；抓住三个环节，一是完善工作计划，二是做好检查反馈，三是着力进行改进[①]。同时，建立"专业—课程—教师—学生"四个层面与各管理系统间的质量依存关系和质量保证体系。

三、人才培养方案改进

（一）进一步明晰人才培养目标

防火管理专业（工程技术方向）开设于2005年，建设时间已有14年。从2006年教育部印发《关于全面提高高等职业教育教学质量的若干意见》（教高〔2006〕16号），到2015年出台《教育部关于深化职业教育教学改革全面提高人才培养质量的若干意见》（职教城〔2015〕6号），再到2019年国务院印发《国家职业教育改革实施方案》（国发〔2019〕4号）和教育部印发《关于职业院校专业人才培养方案制订与实施工作的指导意见》（教职成〔2019〕13号），国务院、教育部对职业教育的办学模式、人才培养模式和教学模式提出了系统、明确、规范的意见，也为专业修订完善人才培养方案提供了科学的依据。

针对诊断结果对人才培养方案的培养目标进行了以下修改：专业基于防火管理岗位及消防工程施工、管理岗位，以信息技术引领的消防系统为核心，以防火管理和工程规范为重点，掌握工程CAD技术、网络综合布线技术及工程概预算技术，培养适应消防管理、消防工程一线需求的且具有一定创新精神、创新能力的人才。在该人才培养目标制定中明晰了培养学生的就业岗位、知识结构、技术技能，将企业的工匠精神融入其中，主要体现为顶岗实习阶段，对于学生的培养实现由学校导师和企业工匠共同组建培养团队，实现具有专业特色和企业特色的匠型人才培养。

（二）完善课程体系与授课内容

对于专业人才培养方案中课程体系的构建也在不断完善，专业在教学中实行"2＋1"工学结合的教育教学模式，再细化为"2＋0.5＋0.5"模式（两年在校学习与半年习岗跟

---

① 周俊.教学"诊断与改进"：变"迎评"为"日常"[N].中国教育报.2016-10-25(7).

岗实习、半年顶岗实习相结合），这样能够更好地将理论知识应用到实际工作中，指向性更明确，更易于教育教学活动的开展。经过教学中的不断探索总结出以"一核心（基于信息技术的消防系统）、两重点（防火管理、工程规范）、三掌握（工程 CAD 技术、网络综合布线技术、工程概预算技术）"为核心的课程体系展开教学。完成理论学习后进入工学结合顶岗实习学习阶段（上升到匠型人才培养），进一步在岗位上锻炼和提高，为今后就业积累工作经验。核心课程体系满足了时代发展要求和消防工作岗位技术应用的需求。

同时，专业组建了由专业教师和企业导师，以及行业专家共同构成的教材编写委员会，并于 2018 年陆续出版了有专业特色的符合专业需求的专业校本教材《建筑消防给水系统项目应用教程》《避难诱导与现场救助项目案例教程》《AutoCAD 2014 消防制图项目实践教程》和《物联网技术概论》。这一系列教材的出版很好地解决了专业课程授课内容重叠的问题，实现了授课内容与规范相统一，符合执业资格考试的要求。

（三）校企合作深入开展

专业经过三次的校企合作会议，对专业人才培养方案中的培养目标及课程体系的建立都有了明晰定位，同时也建立了具有专业特色的校企联盟就业企业群。2018 年，本专业与校企联盟合作企业——北京四海消防工程有限公司进一步洽谈，取得了可喜的成果，四海公司当年就接收了专业 10 名学生顶岗实习，参与到北京地标性建筑"中国尊"消防工程建设项目中。在顶岗实习期间，企业高度认可学生们的专业知识和个人综合素养，并且提出为学校捐建消防系统实训室，满足专业教学需求。这项举措，真正体现了企业参与教学，实现了校企共同育人的理念。

动态式"订单"培养方式趋于完善。经过对近五年的专业顶岗实习学生调研发现，学生在学校完成理论学习后，能够 100％被校企联盟群的企业带薪预定，完成顶岗实习教学环节。顶岗实习结束后，80％的学生会继续留在顶岗实习企业签订就业合同，专业毕业生已经成了企业的骨干力量。

（四）创新拓展教学环境

专业的属性决定了课程的性质，部分专业核心课程在授课过程中需要理实一体的教学环境。为实现该教学环境，2016 年以来，专业教师组建了一支信息化教学团队，通过与合作企业共同研发，将教学环境中的不足部分通过信息化手段实现，专业教师将系统工作流程、工程实例、设备部件原理、工程图纸等以三维动画的形式呈现给学生，使学生更加直观地欣赏，不仅学通了原理，而且提高了其学习兴趣。教师通过软环境建设填补了实践教学硬环境的空白。同时，专业教学团队三年来在国家级、省级信息化教学大赛中屡获奖项，专业教育教学成果也获省级二等奖。

（五）人才培养方案的效果

一直以来，专业秉承企业参与，共同制定人才培养方案的理念，不断修改、完善以满足企业需求，职业性、实践性、开放性地培养接地气、专业性、技能型人才。每年，专业团队对人才培养方案进行局部调整，尤其是基于诊断后的人才培养方案的完善，使得专业培养的人才得到企业的高度认可。2019年，顶岗实习的学生数未能满足企业的需求量，没有接收到顶岗实习学生的企业已早早预定2020年的毕业生。因此，专业要重新思考人才培养标准，大胆变革办学方式和人才培养模式，切实加快以"诊断与改进"为关键环节和主要特征的自身专业质量保证体系建设，方能承担起率先迎击新时代职业教育责任。

诊断的人才培养方案着重从关键的能力和丰富的知识考虑，关键的能力包括专业能力、创新能力、问题解决能力、沟通与合作能力、知识迁移能力；丰富的知识包括工作过程知识，也包括哲学、历史、科学、艺术等领域的知识，这些将成为形成学生面向未来职业能力的重要来源[①]。以需求为导向聚焦专业发展，着重关注形成专业建设内生动力、汇集专业建设的凝聚力和生成质量保证的协同力。

四、第四阶段人才培养关键字

专业人才培养方案实施的过程，在不同阶段提出不同的侧重点，以全面促进专业建设发展。第四阶段校企一体化育人重点放在"产教融合、一体育人、匠型人才、师师结合"的要求上，以达到"三全"育人的目的。人才培养方案实施对象为2017级以后的专业学生。

（一）产教融合

2004年4月，教育部提出"产学研"结合是高等职业教育发展的必由之路；2006年，教育部又提出要走产学结合发展道路，在一段时间提出推进产教结合与校企一体办学；2011年，教育部以文件的形式第一次提出"产教融合"；2019年，从国家层面提出，要以产教融合、校企合作水平为核心，建立职业教育质量评价体系。产教融合渗透着高等职业教育内在动力要求，只有进行高水平的产教融合，才能在真实情境有高质量的职业教育，培养出来的人才才会受到企业欢迎。专业基于前期的"一对多""小专业、集团化"校企合作的基础，把校企合作的水平提升到产教深度融合的高度，并在实践中得到较好反映，其特征就是校企一体化育人生成学生关键能力。两个主体之间构成一种相生相伴的关系，就像量子纠缠一样，一方的行动必然会伴随着另一方的行动。

（二）一体育人

一体育人是指具有一定相约关系的校企两个主体共同培养人才的过程。当前,学校与企业"你中有我,我中有你"的关系是从企业简单接收学生的合作开始的,逐步发展以制度建设为保障,以科学的运行机制确保制度落到实处,并在合作中不断完善,形成了校企"命运共同体"。正是基于这样的关系,校企两个主体的积极性都得到充分发挥,主体在各自的教育教学过程都在努力落实好人才培养方案,执行好教学设计,开发好课程内容,共同培养好人才,培养的人才80%被顶岗实习的企业聘为公司职工,其余20%的学生以动态式"订单"的方式被其他有关企业录用。合作企业看到了选用人才的实实在在好处,非常愿意参与到"2+1"教育教学模式中来,企业主体自然而然地就成为职业教育的主要力量,这使得学校与企业一体育人设想变成了现实。

（三）匠型人才

随着深入产教融合、校企合作的开展,以及培养的十余届毕业生的人才调研结果,专业对人才培养的规格又有了新的认识、新的要求,这就是培养专业匠型人才。所谓"匠型人才"是指具有独当一面的工作能力或一技之长,有一丝不苟的工作态度,有积极进取创新的精神内涵。通过"一对多"校企联盟,"小专业""集团化"实习实训机制的构建,校企合作的紧密程度不断加强,以及校企共同设计教育教学内容,只要选择好培养路径,是可以培养出匠型人才的。事实上,有的毕业生已成为匠型人才,只不过当时没有明确提出罢了。这次专业教学工作诊断与改进,明确提出以培养匠型人才为己任,向培养高质量人才挺进,为企业输送高质量人才,这与以产教融合、校企合作水平为核心,建立职业教育质量评价体系的要求相一致。

（四）师师结合

这里的师师结合是指学校老师与企业师傅的有效结合。校企合作已经发展到比较深入的程度,需要强调专业教师与企业人员建立密切关系,来共同研究课程内容及授课方式,共同编写校本教材,共筑学生素质教育,共同探讨培养人才的最佳路径,共同解决出现的问题,老师以制度做保障,经常到企业调研或指导学生顶岗实习,适时请企业人员到学校给学生上课,介绍企业情况,及时将职业性信息传递给学生,最大限度地发挥专业教师、企业人员的积极性和创造性。为此,老师与师傅进行积极的探索,及时交换信息,换位思考,尊重对方,形成良好的互动关系。这样一来,企业派专家来学院从事教学工作和企业师傅带学生徒弟变成了企业自己的事,把企业人才拿来为"我"所用,还把教师派到企业去学技能,校企双方尽心尽力实现一体化育人。

五、人才培养成效与效果

（一）专业建设成效概述

专业经过十余年的建设发展,以获取中央财政"支持高职学校专业建设,提升服务社会能力"项目为契机,使得相当一些工作成效或指标或标准与中国特色高水平专业建设计划要求相一致。专业建设具有站位较高、目标较远、举措较新、平台较大、层次递进的特点。

1. 教学标准

树立标准化办学的强烈意识。将人才培养和教育教学关键环节的标准化建设作为高质量发展的"牛鼻子"和"突破口",落地开发从职业、专业、课程到校企合作、教学过程、实训基地、学业评价等校本标准,建立健全标准体系[①]。探索建立基于"匠型"优秀技术技能人才的培养标准,以高标准引领专业人才培养改革。

2. 证书制度

1+X 证书制度是我国职业教育的突破性、创新性制度设计。专业建设过程一直坚持抓住"五对接"不放,专业开展"1+6"证书的落地制度,在人才培养质量上发挥了积极作用,在创新型、发展型人才培养目标的适配优化,层次性、多接口的专业人才培养方案动态调整,基于育训结合、职业综合能力训练的学业修习、指导、认定及转换等方面建立健全机制,为学生获取职业技能等级证书提供制度通道。

3. 师资队伍

以"有理想信念,有道德情操,有扎实学识,有仁爱之心"的"四有"标准打造数量充足、专兼结合、结构合理的高水平双师队伍。专业打造了以省级教学名师和企业工匠师傅为头雁,以消防注册工程师为引领,以国家一、二建造师、相关类工程师为支撑的专业化强、结构化优的高水平教师教学创新团队。无论是在教育教学理论研究上,还是在实践探索上都建立了相对完善的专业建设体系,夯实了较高水平专业建设的基础,有一批精技善教、行业顶尖的"工匠之师",这是培养"匠型"优秀人才的内在要求。

4. 操作平台

(1)创新服务平台。职业教育是开放型教育,职业教育的发展离不开内外部资源的施力。专业高水平建设要打造技术技能创新服务平台,深化产教融合,提升校企协同的人才培养质量和技术创新水平。目标定位上体现了高端性,对接地方产业、企业的发展战略,与企业共同组建"一对多"校企联盟、"集团化"协作组织,推动产教融合从一般走向深入。资源建设上体现了高端性,与企业共同开发企业标准、教学标准和课程标准,通过企业项目的教学化改造,建设优质课程资源。

(2)产教融合平台。适应不同企业的发展形态、需求的人才培养特点,探索建立了"一对多""集团化""校企一体化育人"等不同形态,成立了共享基地、协同创新、校企合作等不同类型的产教融合平台组织,建设了集人才培养、科技协助、团队建设、技术服务、智库咨询等功能于一体的产教融合平台。

---

① 成军.深刻把握"双高计划"建设的关键[N].中国教育报.2019-6-4(9).

（3）校企利益共同体。专业以校企协同的人才培养为核心，不断创新合作体制机制，创设产教融合个性化模式，营造产教融合发展的良好环境，推动了平台从虚拟化走向实体化，把专业的校企合作平台提升到校企命运共同体的新层次，形成了产教融合发展、同频共振的良性循环生态圈。

（二）毕业生成长自述

熊鹏飞同学自述

我是2017届防火管理专业毕业生熊鹏飞。在结束了学校的两年理论学习生活之后，我进入了由专业自主推荐介绍的消防公司——辽宁久安消防公司实习，这家公司主要经营无线主机等消防设备，而且这家公司还具有评估检测的消防资质。在实习期间，我在这家公司积累了丰富的消防评估检测经验。在上学期间，老师曾带领我们做过一些火灾及材料的耐火试验，这家公司正好有相关的项目，使我对耐火材料的检验知识有了进一步的实践认识。可以说，在实习期间，这家公司在建筑消防材料耐火性、建筑火灾风险评估、建筑消防安全管理知识等方面对我影响颇深。

在久安消防公司实习期间，我结合学校老师讲解的理论知识和自身实践，顺利考取了"建（构）筑物消防员"职业资格证书。后来，我来到国宾物业管理顾问有限公司（以下简称"国宾"）工作，成了一名消防中控员。因为国宾有项目在辽宁省博物馆，而辽宁省博物馆所采用的消防设备是国外进口的，在这里，我也了解了国外一些消防设备的使用与操作。消防中控员的主要职责就是保证有警必查、有警必报，所以在博物馆担任消防中控员的经历对于我来说是非常好的一次历练，为我日后走上管理岗位奠定了基础。

一次偶然的机遇，我来到辽宁省骨科医院（浑南分院）继续担任消防中控员，主要负责消防中控室管理工作。相比于博物馆的保护文物职责，在医院的消防值机工作主要是为了保护人员的安全。因为医院的流动性大，而且一些消防设备位于手术室等重要地点，所以我在担任消防中控员的同时，定期给医生和护士进行消防培训。这样的经历让我对于消防设备的操作变得更加熟练，同时也使我的消防安全管理能力有了提高。

这些经历虽然并不出彩，但是我之所以能够在消防行业消防管理岗位一直坚守，是因为得益于学校老师的培养及教导。因为热爱，所以选择；因为热爱，所以坚持；因为热爱，所以愿把它作为职业。

杨艾涛同学自述

我是杨艾涛，是辽宁政法职业技术学院2019届公共安全系防火管理专业毕业生，现工作于大连华威建安机电安装工程有限公司。在这里，首先感谢本专业所有老师在学业上的谆谆教导和生活中无微不至的关爱，从学院进入社会也是老师给出很多指导意见,才让我在建筑行业上继续发展。下面对本人一年多以来的相关工作进行总结。

一年以来,我的岗位从维保转向现场工地施工管理,其间担任过资料员、安全员、项目经理助理等职务。经过一段时间后,发现自己不应故步自封,而应尝试打破已有的认识,也正是这时候,公司接到了兴安盟·红星美凯龙的空调工程项目。因为我所学专业的通风理论知识和本次项目有相关性,所以被公司派到了这个项目,辅助现场项目经理开展工作。目前,我正在长春京东亚洲一号项目担任公司的安全员一职。

工作至今,我从事机电安装类工作不到一年半时间,虽然没有全面接触过消防系统(仅在工作中接触消防排烟系统),但是在学校学到的相关知识给予了我工作中很大的支持。例如,红星美凯龙项目为中央空调项目,其中涉及送排风系统安装,这与我在校学习的"建筑通风与排烟系统"相吻合。我了解通风工作原理,甚至了解风管所用版型、尺寸及风管壁厚选择等相关知识,这对我工作起到了至关重要的作用。CAD课程作为学院里的专业课所传授的画图、识图是现场施工的必备操作技能,不仅在现场施工管理上,而且在我提取图纸工程量时,都使我提量更准确、更快速。在校学习的"建筑防火操作规范""电气防火""电工技术"课程为我现场安全施工管理提供了相关指导:在施工现场使用电焊等相关工作时所注意的防火相关事项,指导现场工人正确的施工用电、接电方法,以及出现事故需要作出救援等现场安全知识,也是因为所学的相关知识让我更方便地考取了安全员C证。

经过一年半现场管理的学习,现在的我能完成相关施工的布置。这磨炼了我的意志,让我变得更加沉稳。在现在的工作中,我仍然会遇到一些问题,但我认为能从中积累更丰富的经验。希望自己可以继续在现在公司岗位上锻炼自己,提升个人能力,争取早日考取建造师等相关证件,能在工程这条道路上长远发展。

第五节　专业人才培养方案实施评析

"诊断与改进"作为认知学校工作现状与工作目标之间的差距,并致力于缩短差距的理论和方法的总和,奠定了新时期高等职业教育质量持续自我提升的新思维。防火管理专业(工程技术方向)人才培养方案的制定,除了与相应时期的文件政策要求相一致外,方案方向、内容和要求与国务院2019年2月印发的《国家职业教育改革实施方案》(国发〔2019〕4号)、教育部等四部门2019年4月印发的《关于在院校实施"学历证书＋若干职业技能等级证书"制度试点方案》(教职成〔2019〕6号)和2019年6月印发的《关于职业院校专业人才培养方案制订与实施意见》(教职成〔2019〕13号)等文件的要求相契合,且契合度还很高。因此,专业人才培养方案的几次重大诊断与改进,都显示出对政策的理解和把握及对高等职业教育规律的认知有了一定的高度和政策落实能力,且在十余年间一直不断努力,使其一脉相承。培养的人才也从高质量的技术技能人才向更高层次的工匠型人才转变。

一、方案执行落地措施

防火管理专业(工程技术方向)人才培养方案不断完善并付诸实施,概括起来为深化产教融合、校企合作取得了实效,校企一体化育人取得了成果,具体如下。

第一,师资力量配备是人才培养方案落到实处的根本。几年来,本专业的教学团队教师都已经取得硕士学位,且专业教师100%取得了工程师、注册工程师、建筑师等职业资格证书或有三年以上企业经历,从师资的结构上能够适应以新一代信息技术为基础的专业人才培养方案的实施。

第二,每年都对专业进行适当的教学改革,取得了相应的成果。在经过四次大的人才培养方案修订的教育教学活动实践基础上,每年都对专业人才培养方案的内容进行完善,以及每年都申请省级教育教学课题立项并加以深入研究,将研究成果及时应用到教育教学实践中,总结出符合学生学习特点和企业要求的教学安排。尤其是专业团队主要成员获得国家职业教育信息化大赛一等奖、省教学成果二等奖、省级精品课程负责人和省专业带头人,更有效地促进了防火管理专业(工程技术方向)人才培养方案的优化与修订,这些成果也为专业人才培养方案的实施提供了有力的保障。

第三,专业的教学软硬件环境保障了教学计划的有效实施。近几年,学院不断改善实习实训条件,执行好国家财政支持的专业建设项目计划。同时,专业也和其他学校、企业展开合作,利用校外资源为学生教学服务,参观有影响的展览开阔视野,通过"请进来,走出去"提高学生的认知能力,充分发挥各自优势,提高教学水平,使学生能够较快地掌握相应能力。

第四,专业从开办之初就与企业合作,并逐渐达到非常密切的程度。经过几年努力,达成"一对多"校企合作联盟模式和"小专业""集团化"实训基地的实践机制,使学生在"2+1"工学结合教育教学模式中获得了与实际岗位相对应的顶岗实习机会,也使学生一毕业就有较好职业岗位及待遇,这也促进专业较好地发展,为专业的人才培养方案的实施提供理与实、教与学合一的机制。

第五,专业在"招生(点)、教学(培养线)、就业(点)"两点连一线,基本做到教学培养与企业需要零距离对接。招生过程强调该专业培养的人才是为消防工程建设服务,为企事业单位防火安全管理服务,目的是明确的,岗位是清晰的;教学有了企业参与,人才培养方案实施过程的针对性就有了保障;就业环节由于有了较好的校企合作模式,再加上培养的岗位群确定以及培养过程按照市场要求进行,且企业又有人才需求,就业自然就有较好的前景。

二、方案执行必要措施

1. 加强思政课建设和思想政治工作

坚持以立德树人为根本,充分发挥思政课堂主渠道作用,提高"思政课"教学效果,提高学生思想政治素质;充分挖掘学院首任院长阎宝航革命家红色基因素材,教育学生,引导学生;积极倡导学生读人文书籍,增强自身修养。三年的教育过程实现全员育人、全程育人、全方位育人。

2. 推进全面素质教育,提高学生综合素质

以素质、素养培育为先导,强调教育要以人文主义为基础,使之成为"有教养的文明人"。建立基于一体化育人双创教育工作机制,完善双创课程体系,加强双创实践,在实践中学习和锻炼,从而提高学生职业素养、创新精神和创业意识,以及增强职业实践能力。

3. 创新学生工作思路,提升学生工作水平

全面构建"全员参与,齐抓共管"的学生工作格局;健全学生综合素质评价标准,实施方案及其测评办法,引导和促进学生全面发展;完善招生、培养、就业"三位一体"的良性联动机制,提高毕业生一次性就业率和就业质量,促进学生"进出两旺"。

4. 加强大学文化建设,建设文明美丽心灵

按照制度育人要求,全面修订完善学校各项规章制度,做到"以制度管人,以流程管事";以大学生主题教育活动、文化年活动、专业知识技能竞赛等为主线,突出"红"与"专"的特色,创建文化品牌,构建校园文化育人体系,旨在培养忠于党、忠于祖国、忠于人民的人才,旨在以工匠对技术和品质的追求作为学生的前行航标,培养学生精益求精的匠型人才品质。

5. 强抓校内外师资队伍建设

校内专业教师和企业师傅是专业建设重要因素,是决定专业能否培养出高质量人才的关键,抓住这个关键就等于专业办学成功了一半。因此,要不断通过各种形式提高专业教师水平,如参加国家、省市举办的各种相关的培训班,参加学术会议及相互交流会议,参加日常的集体业务学习等,使专业教师始终把握高等职业教育的发展方向。同时,与企业密切联系,建立好校外师资队伍,使他们了解高职教育离不开企业,离不开他们的指导和实践经验的传授。

6. 强化校企合作紧密度

高等职业教育主要要靠两个主体来完成,任务完成得怎样就要看两个主体发挥的作用如何。只有密切两个主体合作,才能达到高质量的人才培养要求,专业正是通过"一对多"校企合作联盟、"小专业""集团化"、一体化育人的方式,实现了产教融合、校

企合作高水平运作,并以学生顶岗实习手册、教师指导手册、师傅鉴定手册等材料做支撑,完成了人才培养的目标任务落实。

三、方案执行维度措施

1. 以企业的角度来看

企业体会到以下内容:一是以企业认同的人才培养方案,知道专业人才培养的规格;二是以校企共同研究课程的内容,知道学校在教授什么;三是以动态式"订单"的方式,知道未来 2~3 年学校能给企业提供多少专业人才;四是以产教融合、工学结合的形式共同培养学生,企业了解学生特质并在毕业时决定是否录用;五是按照市场规则知道何时来学校能接收到顶岗实习学生。

2. 以学校的角度来看

学校体会到以下内容:一是以校企联盟的方式,知道每年的专业招生计划应该是多少;二是以合作的方式,知道专业教学如何组织,怎样的结果更符合企业的要求;三是以企业反馈信息的方式,及时调整教育教学内容;四是以顶岗实习情况,知道培养的人才在企业的位置;五是以企业用人要求,知道如何按高等职业教育规律培养人才。

3. 以学生的角度来看

学生体会到以下内容:一是学生报志愿时,知道专业的基本情况;二是到校时,知道学习内容及其在工作中的作用;三是在校期间,知道怎样学习能适应顶岗实习,知道参加活动有助于提升自己的素质能力;四是在顶岗实习时,知道工作好坏、能力强弱直接影响毕业时就业;五是工学结合时,知道学校老师与企业师傅共同培养自己。

四、方案执行要素措施

方案要顶层设计,且不断进行优化完善;要立德树人,且不断强化政治思想建设;要做强核心,且不断强化师资队伍建设;要目标实现,且不断深化产教融合校企合作;要企业认可,且不断完善课程体系及标准建设。落实好人才培养方案要抓住八个主要"参数":一是把握专业建设方向,二是明确培养目标,三是落实培养规格,四是建设师资队伍,五是深入校企合作,六是不断创新理论,七是完善制度建设,八是奋发有为、坚持不懈。通过"师资队伍、课程体系、校园文化、工学结合、理实创新"五位一体育好人才。

在实践中,坚持育人与实训(培训)一体化的"育训结合"模式,凸显了 1+1＞2 的效果,其过程坚持育德与修技并举,一是体现了全面贯彻党的教育方针,坚定社会主义办学方向,注重以德为先、全面发展的基本理念;二是体现了不断完善职业教育和技能实训体系,遵循教书育人规律和技术技能人才成长规律,立德树人与服务经济社会并重,把育德、修技融入专业教育教学全过程,融入思想道德教育、文化知识教育、社会实践教育各环节,努力提高学生学习技术技能的能力和学生获得知识和技能的可迁移性。产教的深度融合和工学结合育人水平的提升,使育训结合、德技并修得以落实;专业建设与产业需求对接、课程内容与职业标准对接、教学过程与生产过程对接,使校企协同育人的效果明显,专业教育呈现特色[①]。

综其所述,专业人才培养方案的制定与执行,总体上与《国家职业教育改革实施方案》(国发〔2019〕4号)要求相一致,充分体现了育训结合和德技兼修。育训结合,一方面强调的是学校的育人和学生的成人、成长、成才,有利于学生逐步养成自我约束力、学习能力、解决问题的能力,夯实学生可持续发展基础,使之一生都能从中受益;另一方面强调的是直接从事职业岗位工作所需要的知识和技能,并且面对科技快速变化和技能淘汰更新的挑战,不断学习和接受培训,拓展就业、创业本领。人才培养方案充分体现在职业能力递进课程体系的内涵,即岗位认识能力、单项基本操作能力、独立执行能力、综合应用能力的培养过程。

第六节　专业人才培养方案制订的基本规范

2019年6月,教育部印发《关于职业院校专业人才培养方案制订与实施工作的指导意见》(教职成〔2019〕13号),并给出《职业院校专业人才培养方案参考格式及有关说明》(详见附录2)。《意见》是新时代对职业院校科学制订和实施专业人才培养方案、提高人才培养质量提出的新的更高要求。同时,停止执行2006年教育部《关于制订高职高专教育专业教学计划的原则意见》。

一、方案内涵制订

2019年,教育部印发的教职成〔2019〕13号文件指出,专业人才培养方案是职业院校落实党和国家关于技术技能人才培养总体要求,组织开展教学活动,安排教学任务的规范性文件,是实施专业人才培养和开展质量评价的基本依据。

专业人才培养方案之前一直沿用"教学计划"这一概念。传统的教学计划已经不适应职业院校教学组织实施的新需求,因为其存在专业人才培养方案概念不够清晰、制定程序不够规范、内容更新不够及时、监督机制不够健全等问题,有待进一步明确要求。

专业人才培养方案实质是知识体系向育人质量的重大转变,其目的是整合相关教

[①] 马树超　郭文富.“双高计划”引导育训结合、德技并修[N].中国教育报.2019-4-23(9).

育资源和条件,以质量监控和持续的质量改进使教学过程各个环节的实施达成培养目标,保证育人质量,提升育人水平。相较于教学计划,专业人才培养方案的育人理念更加突出,育人方式更具有系统性、整体性、协同性,育人主体更有自主性、能动性、创造性[①]。

目前,职业教育国家教学标准体系框架基本形成,需进一步明确教育行政部门和职业院校在人才培养方案制订与实施中的职责,进一步增强标准意识,以标准为基本依据办出水平、办出特色。

二、方案内容及要求

(一)主要内容

专业人才培养方案体现了专业教学标准规定的各要素和人才培养的主要环节的要求,主要包括专业名称及代码、入学要求、修业年限、职业面向、培养目标与培养规格、课程设置、学时安排、教学进程总体安排、实施保障、毕业要求等内容(详见附录1),需附上教学进程安排表等。

(二)基本要求

1. 明确培养目标

依国家有关规定、公共基础课程标准和专业教学标准,结合专业办学定位,科学合理地确定专业培养目标,明确学生的知识、能力和素质要求。要注重学用相长、知行合一,着力培养学生的创新精神和实践能力,增强学生的职业适应能力和可持续发展能力。

2. 规范课程设置

课程设置分为公共基础课程和专业(技能)课程两类。公共基础必修课程包括:思想政治理论课、体育、军事课、心理健康教育及国家规定课程,还可以设置一些限定选修课。专业(技能)课程设置要与培养目标相适应,课程内容要紧密联系生产劳动实际和社会实践,突出应用性和实践性,注重学生职业能力和职业精神的培养。一般确定6~8门专业核心课程和若干门专业课程。

3. 合理安排学时

每学年安排40周教学活动,总共不低于2 500学时,公共基础课程学时不少于总学时的1/4,选修课教学时数占总学时的比例不少于10%。一般以16~18学时计为1个学分。鼓励将学生取得的行业企业认可度高的有关职业技能等证书或已掌握的有关技术技能,按一定规则折算为相应学分。

---

① 高瑜.从"教学计划"走向"专业人才培养方案"意为何[N].中国教育报.2019-9-3(11).

4. 强化实践环节

实践性教学学时原则上占总学时数 50％以上。要积极推行认知实习、跟岗实习、顶岗实习等多种实习方式,强化以育人为目标的实习实训考核评价。学生顶岗实习时间一般为 6 个月,可根据专业实际,集中或分阶段安排。推动职业院校建好用好各类实训基地,强化学生实习实训。统筹推进文化育人、实践育人、活动育人,广泛开展各类社会实践活动。

5. 严格毕业要求

根据国家有关规定、专业培养目标和培养规格,结合学校办学实际,进一步细化、明确学生毕业要求。严把毕业出口关,确保学生毕业时完成规定的学时学分和教学环节,结合专业实际组织毕业考试(考核),保证毕业要求的达成度,坚决杜绝"清考"行为。

6. 促进书证融通

鼓励学校积极参与实施 1＋X 证书制度试点,将职业技能等级标准有关内容及要求有机融入专业课程教学,优化专业人才培养方案。同步参与职业教育国家"学分银行"试点,探索建立有关工作机制,对学历证书和职业技能等级证书所体现的学习成果进行登记和存储,计入个人学习账号,尝试学习成果的认定、积累与转换。

7. 加强分类指导

鼓励学校结合实际,制订体现不同学校和不同专业类别特点的专业人才培养方案。对退役军人、下岗职工、农民工和新型职业农民等群体单独编班,在不降低标准的前提下,单独编制专业人才培养方案,实行弹性学习时间和多元教学模式。实行中高职贯通培养的专业,结合实际情况灵活制定相应的人才培养方案。

(三) 方案制订程序

1. 规划与设计

学校应当根据意见要求,统筹规划专业人才培养方案制(修)订的具体工作方案;成立由行业企业专家、教科研人员、一线教师和学生(毕业生)代表组成的专业建设委员会,共同做好专业人才培养方案制(修)订工作。

2. 调研与分析

各专业建设委员会要做好行业企业调研、毕业生跟踪调研和在校生学情调研,分析产业发展趋势和行业企业人才需求,明确本专业面向的职业岗位(群)所需要的知识、能力、素质,形成专业人才培养调研报告。

3. 起草与审定

结合实际落实专业教学标准,准确定位专业人才培养目标与培养规格,合理构建课程体系、安排教学进程,明确教学内容、教学方法、教学资源、教学条件保障等要求。

学校组织由行业企业、教研机构、校内外一线教师和学生代表等参加的论证会,对专业人才培养方案进行论证后,提交校级党组织会议审定。

4. 发布与更新

审定通过的专业人才培养方案由学校按程序发布执行,报上级教育行政部门备案,并通过学校网站等主动向社会公开,接受全社会监督。学校应建立健全专业人才培养方案实施情况的评价、反馈与改进机制,根据经济社会发展需求、技术发展趋势和教育教学改革实际,及时优化调整。

三、人才培养方案对照新规范

防火管理专业(工程技术方向)从开办伊始就以人才培养方案的形式展开专业人才培养,人才培养方案所包含的内容与新要求高度契合,并且具有一定前瞻性,尤其一些重要要求要素,如专业核心课程确定为6门、学生培养规格具体化、顶岗实习为期一年、专业建设伊始就实施1+X证书制度、校企共同育人等。只是一些表述或内容不够完整,经对照排查,专业人才培养方案还存在如下不足。

(一)缺少职业面向项目

职业面向项目内容没有直接作为一个独立项目进行表述,其内容融合在培养目标之中,按照新要求应把此项拿出来单独进行叙述。

(二)缺少实施保障项目

实施保障项目也没有单独立项,而是把它分散在教学内容、课程设置、实习实训等环节中,需要进行整理完善,形成表述清晰、项目独立、可执行的保障措施内容。

(三)毕业要求要进一步明晰

按专业总课时、企业认可度高的有关职业证书或掌握有关技术技能,以及折计学分的要求,进一步完善对毕业生学历教育毕业要求内容,使之更为清晰、明确。

总之,按照《关于职业院校专业人才培养方案制订与实施工作的指导意见》修订的防火管理专业(工程技术方向)人才培养方案一定会更为完整,更加符合企业要求,更具有可执行性,更好地培养出企业高度认可的技术技能人才。

第三章　专业"一对多"校企合作联盟新模式

高职教育要求走"产学研"之路,这是高等职业教育的顶层设计。紧密联系行业企业,不断改善实习实训条件,积极探索校企全程合作进行人才培养途径和方式,是高职教育持之以恒的事情。人才培养模式改革的重点是教育教学过程的实践性、开放性和职业性的具体实现。

职业教育与市场需求和劳动就业紧密结合,校企合作、工学结合,结构合理、形式多样,灵活开放、自主发展,这些富有中国特色的现代职业教育体系论断时时引发防火管理专业(工程技术方向)校企间如何合作的思考,思考的核心是怎样才能建立稳定的合作关系,立足点应是如何使校企合作双赢,并以何种模式把思考的问题变为实际的校企双方共赢的结果。若经查阅大量有关文献还没有找到适合专业的校企合作模式,就必须自己去探索,构建适合专业的合作模式。通过深入研究及已有的校企合作经验,提出了构建"一对多"校企合作联盟的新模式,校企共同培养专业人才。该模式之所以成功,是因为遵循了市场规则和高职教育规律,以及符合高职人才培养的实践性、开放性和职业性的要求。

新模式思考于 2010 年在一次专业建设会上提出,成熟于 2012 年 5 月召开的"小专业""大集团"防火管理专业(工程技术方向)校企合作研讨会,研讨会通过合作模式的章程及运行机制,理论研究成果体现于辽宁省高等教育学会"十二五"高等教育科研项目"高职院校'一对多'校企联盟有效模式研究"(2011 年 6 月立项,项目编号:GHYB110153;2013 年 5 月结项,证书编号:GHJT20130064)。

第一节　校企合作模式的思考

校企合作、工学结合的办学模式非常适合职业教育,是职业教育所必需的教育环节,是学校生存、专业发展的内在需要和必然选择,是企业获得高质量技术技能型人才的根本途径,这是广泛共识。校企合作、工学结合能否成功,校企之间的合作模式是重要因素,往往起决定作用。也就是说,学校与企业基于怎样的合作方式才能"联好姻,结好果",是职业学校、专业建设必须要做的事情,也是必须要做好的事情。

一、国家政策层面的思考

2006 年，教高〔2006〕16 号文件指出：高等职业院校要按照教育规律和市场规则，本着建设主体多元化的原则，多渠道、多形式筹措资金；要紧密联系行业企业，厂校合作，不断改善实训实习基地条件。这里有"教育规律"和"市场规则"两个非常重要的前提，是新时期职业教育必须要遵照的，否则无论资金方面多么雄厚，还是校企合作方面多么紧密，都不会有好的效果。规律是事务内在的、本质的、必然的联系，职业教育以符合其办学规律的方式打开，是彰显和建构其特色的根本。

文件又指出：要积极推行与生产劳动和社会实践相结合的学习模式，把工学结合作为高等职业教育人才培养模式改革的重要切入点，带动专业调整与建设，引导课程设置、教学内容和教学方法改革。国家从宏观要求上确定了职业教育校企合作的指向，学校和专业无论采取怎样的方式都要根据自身实际进行探索，确定契合学校和专业的校企合作模式，以求人才培养效果最优的目的。

2011 年，教职成〔2011〕6 号文件指出：鼓励行业企业全面参与教育教学各个环节。促进行业在职业学校专业建设和教学实践中发挥更大作用，不断提高职业教育人才培养的针对性和适应性。文件着重点在于"鼓励""促进"企业全程参与教育教学过程，最好要体现出人才培养的针对性和适应性，文件对企业并没有做出硬性的规定，要求企业必须参与。因此，职业教育的责任和主导权在学校，学校要想尽办法建立校企合作关系，让企业参与到教育教学各个环节。

文件指出：建立健全校企合作新机制，指导并推动学校和企业创新校企合作制度，积极开展一体化办学实践。如果已经建立了较好的校企合作关系，还要在深层次的合作机制、制度、实践环境上下功夫，赋予合作新内涵，以更好地适应专业建设发展。

文件又指出：推进企业积极接受职业学校学生顶岗实习，探索工学结合、校企合作、顶岗实习的有效途径。文件中强调高等职业教育要全面与行业企业融合，校方要主动与行业企业取得联系，建立相互依存、彼此互惠的共同体，学校要向企业输送企业需要的人才，企业要给学生提供好的实践环境，培育出质量高的人才是学校和企业共同的目标，因此校企要携起手来共同培养人才。

2011 年，教职成〔2011〕9 号文件明确指出：行业是连接教育与产业的桥梁和纽带，在促进产教结合，密切教育与产业的联系，确保职业教育发展规划、教育内容、培养规格、人才供给适应产业发展实际需求等方面发挥着不可替代的作用。职业教育的出路在于与行业融合的深度，专业建设效果在于与企业合作的程度，教学质量在于与工学结合的密度。

文件指出：促进专业与产业对接、课程内容与职业标准对接、教学过程与生产过程对接、学历证书与职业资格证书对接。文件明确要求"四对接"是实现职业教育目的的有效措施，怎样落实这些措施，各专业有着不同的方式和方法，只有基于专业实际和特点建立起来的校企合作模式,才能落实好"四对接"要求。

文件指出:切实发挥职业教育集团的资源整合优化作用,实现资源共享和优势互补,形成教学链、产业链、利益链的融合体。文件强调的是专业在建设过程中与企业要成为"命运体",根据实际建立职业教育集团,办好职业教育,因此专业提出"一对多"校企合作联盟来实现教学链、产业链、利益链的融合,且专业有把校企合作联盟上升到"集团化"的想法。

2011 年,教职成〔2011〕12 号文件指出:推动体制机制创新,深化校企合作,工学结合,进一步促进高等职业学校办出特色。文件再一次强调,职业院校与企业合作是办好职业教育的唯一出路,只有处理好了校企合作关系,办学特色的条件就有了,再加上适当的方式,一定会找到办学特色的支撑点。

文件指出:以合作办学、合作育人、合作就业、合作发展为主线,创新体制机制,深化教育教学改革。要求校企合作要将"四个合作"作为突破口展开合作,这是在职业教育中要牢牢把握的,以此进行教育教学改革和创新工作。

文件指出:以区域产业发展对人才的需求为依据,明晰人才培养目标,深化工学结合、校企合作、顶岗实习的人才培养模式改革。将专业设置与发展和当地经济社会状况密切结合起来,积极服务于当地产业发展,以此确定专业人才培养的目标和方式,不断修正人才培养过程出现的偏差,尽最大努力培养出区域需要的人才。

文件又指出:将毕业生就业率、就业质量、企业满意度、创业成效等作为衡量人才培养质量的重要指标。在满足素质教育要求外,职业教育人才培养的目标归根到底就一个:培育出企业满意的人才,得到企业高度认可。为此,要积极探索适应企业不同时期需求的人才培养模式。文件还强调要调动企业参与高等职业教育的积极性,促进高等职业教育校企合作、产学研结合制度化。"一对多"校企合作联盟正是按照这一制度安排和建设的。

二、模式状况的思考

我国的职业教育校企合作还处于不够成熟的阶段。自 20 世纪 80 年代中期合作教育引入我国以来,高等职业院校在借鉴国外合作教育经验的基础上,在政府的指引和扶持下,充分利用地域优势,努力挖掘学校及社会教育资源潜力,根据本地区域经济发展状况、产业结构和发展新兴产业对人才的需求,积极创办多种形式的校企合作职业教育办学模式,提高人才培养质量。目前,从企业参与的方式上来看,值得借鉴的高职教育校企合作的模式主要有学校主导、企业配合模式,校企实体合作型模式,校企联合培养模式三种。

(一) 学校主导、企业配合模式

这种模式易出现偏离校企合作模式的本质目标和不易调动企业主动合作的积极性。从合作的形式就可以看出,学校往往渴望企业参与教学活动,为企业培养合格的人才。但由于有时学校过于强调自己的主导权,忽视企业的意见和参与度,企业处于比较被动的状态,"心里"有说不出的滋味。同时,大部分企业是以眼前的利益为考虑来与学校进行合作,并以急切的心情求得所需人才,忽视了培养人才的基本规律和人才需要一定的时间和环境才能培养出来的客观因素,一旦达不到企业的要求,其积极性就明显下降,学校有时也会出现被动状态。但从目前国家政策来看,职业教育的主动权还是在学校,因此学校在校企合作中要摆正位置,营造好的环境,让企业能积极地参与到职业教育的进程中来。

(二)校企实体合作型模式

该模式容易出现企业过于追逐利润而产生短视行为的问题。企业把资金或设备带入学校,出于自身利益考虑,大多数企业考虑的是如何尽快回收成本,而忽视教育本质要求,有时会强加于学校做出有利于企业的一些事情,背离职业教育的初衷,使得学校难以掌控高职教育的过程,难以实现专业教育的培养目标,其结果是企业不易得到认可的人才,学校也没有培养出合格的人才。这主要是两个主体的作用发挥得不够协调,甚至没有认清各自在职业教育中应该发挥的作用,造成一些错位行为,也未必是校企合作的初衷和目的。究其原因,这种模式可能出现了教育过度市场化的问题。

(三)校企联合培养模式

除了少数背靠企业的高职院校外,大部分高职院校不具备这种模式培养的条件。从整个高职教育本质来看是为整个经济社会服务的,那么经济社会的结构就存在相对比较密集的集中式人才培养模式和相对比较散落的松散式人才培养模式。集中式人才培养往往易于实现校企双方的互利互惠的目的,校企合作可以很容易建立起来,出现的问题也比较容易化解;而松散式人才培养不易于建立起对双方都有利的校企合作,关键点在于难以找到校企各自的有益契合点,而这需要花费较长的时间以及相互磨合才能做到。所以,双方建立了校企联合培养模式,有时表面看上去很热闹,这是校企各方有着不同的想法和急于分享合作的结果,往往忽视了合作机制的实质建立。经仔细分析,这种模式往往没有较好地解决高职教育规律和市场作用相互统一的问题,因此一般会出现前期合作效果较好,后期矛盾重重的现象,当然也有学校和企业没有及时适应社会快速发展的因素。

三、校企如何合作的思考

目前,校企合作还体现出高等职业教育规律和市场规则两方面相互统一、相互协同的模式,尤其是在松散式人才培养的高职专业。随着经济、社会高速发展及对职业教育的要求的提高,我国职业教育正处于最好的发展时期,工学结合、校企合作具有广阔的发展空间。因此,在校企合作过程中要充分体现企业、学校、学生三方利益的共赢,这是校企合作根本出发点,也是促进其稳定发展的有效机制。而这些要满足市场作用条件,遵循职业教育发展规律,充分发挥学校和企业两个主体本质要素的作用,采取科学有效的资源配置,寻求更佳的专业教育教学模式,这样才能培养出高质量的企业认可的人才,以此推动高职教育的健康发展。

推进校企合作需要政府、行业、企业的支持,有时还需要专业中介机构的牵线与协调。没有政校行企多元参与,校企合作就难以走远。但作为职业教育两个主体之一的学校必须主动作为,一是要积极联系行业企业,让他们了解职业教育本质,了解学校的专业特色建设情况,让他们认识到职业教育对企业发展的益处;二是坦然面对问题,积极找到解决办法,有时要深入研究,进行理论创新和实践创新。也就是说,要根据专业建设的自身情况,创造性地建立适合专业发展的校企合作模式,最终校企双方才能共同培养出企业高度认可的人才。

第二节 "一对多"校企合作模式构想

国家政策一再强调高等职业教育要基于产教融合、校企合作、工学结合进行办学,这样才能办出特色,办出水平。专业在充分了解及研究校企合作状况的基础上,仔细分析了防火管理专业(工程技术方向)校企合作、工学结合教育教学活动的实际,提出了"一对多"校企合作模式的设想,一是它可以适应专业建设的特点及发展方向,二是培养的人才与企业主体要求非常接近,三是易于开展校企合作工作及机制的建立,四是有利于组织学生进行实践教学活动。如果建立起稳定的产教融合、校企合作的教学模式,一定会培养出企业高度认可的人才,并形成特色。

一、专业校企合作状况分析

2010年时,专业刚有三届毕业生,专业建设中的校企合作正处于相互了解、磨合阶段,产教基本上没有太深的融合。随着专业的建设发展及政策指引,需要梳理下校企合作开展的情况,并为深度校企合作做准备。

2008届(即首届毕业生)学生的校企合作采取的是粗放的方式,在实际操作中只要企业接收、专业对口,能让学生进行一年的工学结合的顶岗实习即可,对企业缺乏深入的了解,彼此间的合作只建立在几个共同点上,双方的责权利也不够清晰。好在这一届学生没有出现特殊情况,完成了校企合作、工学结合的教育教学基本任务。例如,通过专业中介机构派出8名学生到北京从事防火安全管理岗位的顶岗实习,实习过程总体是好的,体现了职业教育工学结合的要求。毕业时,这些学生一半留在北京获得了较满意的工作,但一些学生也遇到了不安心、待遇低、适应工作环境慢等问题,究其原因,一是学生提前进行了顶岗实习,未修完全部课程,知识掌握不够全面,思想上准备不充分;二是校企合作企业主体责任不够明晰;三是顶岗实习教育教学的内容准备不够充分；四是专业建设处于起步阶段，没有经验。

本届其余学生是在完成学校教学任务后，按计划进行顶岗实习的，他们的实习效果很好，绝大部分学生留在了实习单位工作。23名实习学生中有16名学生成为项目经理或公司骨干，这些学生是在实际消防工程建设的项目中进行实习的，大部分从事工程施工现场岗位工作，也有从事消防工程预算、档案管理等工作。回过来看这些学生，一是他们在修完了全部课程后进行顶岗实习的，确保了知识系统的完整性；二是汲取了上期学生顶岗实习的经验教训，建立了比较好的校企关系；三是这些企业积极参与度较高；四是学生自我学习的能力增强。余下的3名未按程序进行顶岗实习的学生由自己寻找顶岗实习单位（必须由学生家长确认），根据要求按时提交顶岗实习作业，并作为学生毕业的重要依据，他们也顺利地完成了实习教学任务。

2009届和2010届毕业生的顶岗实习不再盲目地开展，而是先对企业进行调研，确定企业与专业顶岗实习有良好意愿才合作，并完善了合作协议内容，使校企合作基本做到有章可循，双方利益在一定程度上都得到了保障。更为可贵的是，在学生顶岗实习期间，这些企业提供了较好的工学结合的教育教学实习环境。同时，学生顶岗实习扩展到了鞍山、铁岭、抚顺等地区，具有了产教融合的雏形。校企合作有四个特点：一是对企业进行全面了解，掌握企业基本情况；二是企业录用顶岗实习学生时，实行企业和学生双向选择，学校为此打造双向选择环境平台；三是一旦双方达成意愿，签订学校与企业、企业与学生、学校与学生顶岗实习协议，保障各方权益；四是企业给顶岗实习学生购买人身意外伤害保险，学校给学生购买校外实习保险；五是专业老师跟踪、管理和监控教育教学活动。

二、模式提出的基本思路

虽然防火管理专业（工程技术方向）在校企合作方面有了较好的开端，但是在人才培养方案优化过程中，如何更好地揭示高职教育重要环节的校企合作、工学结合的内涵，以及如何更好地把控顶岗实习的教育教学过程等，专业建设在诸如此类问题上还存在不尽人意的地方。依政策要求和实践经验认为，怎样开展校企合作要视专业的建设情况而定，要由专业所处的主客观环境而定，即使有成功的经验也不可完全照搬，那样会"水土不服"，难以实施且效果也不佳。因此，针对专业建设具体情况，在2010年，专业提出"一对多"校企联盟的概念；2011年，专业以"一对多"的概念开启了校企合作实践教学活动并进行理论上的深入研究。一个专业（学校）与几十家企业进行良好互动，开展合作，共同培养学生，使其人才更能适应企业用人要求，其实质充分体现了校企两个主体的各自作用、互惠所得、双方共赢。

依学校、企业、学生三者在教育教学活动中的依存关系，以"一对多"校企合作（以下本书中校企合作的"企"是指多家企业的意思）联盟的形式，彼此都可以得到各自的利益诉求，来深化校企合作模式的基本思路：高等职业院校要按照教育规律和市场规则,运用科学的方法对学校、企业、学生三者关系进行深入分析,以相互信任、相互尊重为基础,建立"一对多"校企联盟模式,形成校企联盟共识的章程,构建"一对多"校企联盟机构,确定"一对多"校企联盟运转方式,以动态式"订单"创新培养形式,完善专业人才培养方案,体现出"一对多"校企联盟实践性、开放性、职业性特征,形成可执行的"一对多"校企联盟有效模式。

根据经验及专业特点,如果创建"一对多"校企联盟模式,从企业对人才需求来说是一个比较好的解决方案。首先,章程是校企共同制定的,有共同遵守的客观基础;其次,加入联盟的企业是自愿的,进出自由;第三,企业可以较早地知道何时能得到人才,得到何种规格的人才。对学校来说,能知道讲授何种课程,何时到企业顶岗实习,以及就业趋势等,使得人才培养的过程透明化、预期性,校企之间可呈现彼此依存、彼此受益的关系。

三、模式可实现的基本观点

以高等职业教育理论和有关文件为指导,以专业建设研究成果为基础,结合对专业教育教学实践的认识,对问题展开深层次的探索,形成新的专业建设理论成果,推进专业进入新阶段。

(一)创新模式有实践基础

对于教育的主体学校来说,2011年的专业建设还有一系列问题需要解决,尤其是高职教育的职业性、实践性、开放性方面的教学体现,有待于深入探索和挖掘。这一问题的突出点在于企业还存在"学校培养人才即为我所用"的意识,没有充分认识到现代高职教育需要他们充分参与,需要他们与学校的深度合作。也就是说,现代高职教育需要企业这个主体全程参与,形成校企深入的合作关系,建成"你中有我、我中有你"的利益共同体,才能培养出企业所需要的人才。为此,解决校企合作问题的首要出发点是要通过市场配置,遵守市场规则,并围绕体现高职教育规律的办学过程而展开,这样合作才能密切,才能长久。基于培养出符合企业当下对人才需求的这一点,就应不断探索校企合作的机制和人才培养的新模式,使双方共享合作成果,互为受益,从而形成有特色的校企合作模式。

(二)创新模式有国家政策支持

截至2011年,高职业教育已有十多年的发展历史,取得了很大的发展,理论体系日趋完善,文件政策指导不断与时俱进。其中,教育部(高教〔2004〕1号)(高教〔2006〕16号)文件对目前高等职业教育的发展还有很强的现实指导意义,以及根据教育部(教职成〔2011〕6号、9号、11号、12号)等系列文件要求,强调走产教融合、校企合作、工学结合之路,并进行职业教育教学模式创新,构建校企一体化的融合体,以加快现代职业教育体系建设。产教融合是指以职业活动为导向，以能力为本位，将理论和实践教学有机融合，全面提升学生认知能力、实战技能和应对经验的职业教育模式①。解决校企合作问题的第二个出发点是要按照政策文件的指导，展开操作层面校企合作的路径探寻，形成具有指导意义的路线图，在合作章程的框架下规范高职教育行为，使其呈现出合作办学、合作育人、合作就业、合作发展的态势。

（三）创新模式根本目的在于服务

高职教育的广泛开展就是要向行业企业源源不断地输送所需要的技术技能型人才，以满足社会发展需求。把高等职业教育办好是每个职教人的愿望，怎样才能做好呢？这需要职业教育人士的智慧、责任和孜孜不倦探索的韧劲，且要紧贴企业，与企业共同努力。解决校企合作问题的第三个出发点是要紧紧贴近辽宁地区发展的战略要求，尤其是沈阳经济区域的发展要求，密切与行业企业的联系，关注行业企业的变化，主动为企业服务，想企业所想，促进与企业的紧密关系，时时总结合作成果，提升专业服务能力。当时，有10余家稳定的学生顶岗实习企业为产教融合、校企合作做出了一定的贡献，它们将是校企合作联盟的核心力量。

（四）创新模式经努力可找到

由于种种原因，企业往往在校企合作过程中积极性还不够高。而此时，学校正在为学生的实践实习实训探索产学之路，待学生毕业时能为其提供比较好的就业渠道。由于，现实的校企合作宛如列车行驶的两条轨道，远处看好像有一个"交汇点"，近处看"相互接近"，这就是大部分校企合作的现状。寻找到校企合作的交汇点，职业教育就算成功了一半，这需要专业教师有持之以恒、不断追求的韧劲，进行理论与实践创新，而且要有较强的紧迫性。由于学生整体状况参差不齐且个性突出，解决校企合作问题的第四个出发点是要站在企业的角度思企业所需，站在学生的角度想学生所想，站在学校的角度要按照教育规律办好学。因此，三者要统一到一个平台上（这个平台就是市场），协同运作，展现各自的利益诉求，形成共识，搭起密切的合作关系。

（五）创新模式有理论基础

专业不同，其建设过程也会显现出特殊的一面。也就是说，不同的专业所面对的合作企业不同，带来的工作性质、岗位工作状况也不同。因此，专业与企业的具体合作活动要根据该领域的特点有效开展校企合作，才能达到事半功倍的效果。解决校企合作问题的第五个出发点是要坚持理论与实践结合的原则。当实践出现障碍时，就要进行理论研究，深入探讨，从而更好地指导实践；当理论不清晰时，就大胆地实践，从实践

---

① 周洪宇.2017年度中国教育的热点透视[N].中国教育报.2017-3-30(7).

中探寻上升到理论。例如,消防工程在辽宁的最佳施工时间是每年的4月至11月,根据这一特点并结合合作企业需求,能否将学生顶岗实习的时间提前到5月份(教学安排在7月中下旬)。于是,学校与企业认真研究人才培养方案,分析教学内容,并进行相应调整,满足企业的这一要求。经研究判断,结论是可以的,既不减少课程内容,又能在5月的中下旬开始进行顶岗实习。当年,学校利用休息时间上课,解决时间上的问题。次年,学校采用调整教学进度、修订人才培养方案的措施将其固定下来,满足了企业需求,人才培养质量也有很大提升。

(六) 创新模式有主客观环境支撑

专业的建设与发展都会受到一定主客观因素的影响。一方面来自学校、企业的主观因素影响,另一方面来自学校、企业环境的客观因素影响,这些因素在高等职业教育中都要考虑到,要因势利导给校企合作创造良好的环境,使专业建设获得更好的发展空间。解决校企合作问题的第六个出发点就是要从专业教师和企业师傅的实际认知能力出发,依托学院办学条件和企业客观环境,尽最大努力创造校企合作平台,充分发挥企业作用,使其认识到他们是职业教育中不可或缺的力量。同时,要调动专业教师的积极性,充分利用校内外软硬件资源开展教学活动,通过校企合作、工学结合的有效方式培养学生,使学生在实践中不断得到锻炼和提高。

四、模式建立的基本目标

专业建设试图通过"一对多"校企合作联盟的模式来解决高职教育如何背靠企业进行有效的校企合作共同培养所需的技术技能型人才问题。解决目标问题主要从以下四个方面入手。

(一) 建立"一对多"校企联盟运行机制

校企合作联盟的运转要符合市场要求,坚持以学生为本,本着自愿平等、互惠互利的原则,以校企对接、工学结合、课程设计、人才培养为纽带,深化产教融合,形成相应的"教、学、用、做"相长的教育教学学习环境。企业通过参加校企合作联盟组织,了解人才培养的规格,为企业稳步发展提供了强有力的人才支撑。校企合作联盟模式不仅是"一对多"的关系,还可以通过学校将各个合作企业组织起来,定期开展人才培养研讨会、技术应用说明会和经验交流会等,建立密切的成员合作关系,促进专业社会服务能力的提高,使"一对多"校企合作联盟模式成为高职有效的培养人才模式。

(二) 释放"一对多"模式探索高职内涵

"一对多"校企联盟模式的工学结合育人过程可以带给学生充分融入企业元素的机会,获得职业能力,提高职业素质,使高等职业教育的开放性和职业性得到较充分的体现。与此同时,学生直接进入企业进行顶岗实习,在师傅的引领和指导下,接受生产、建设、管理一线的洗礼和锻炼,又充分体现出职业教育的实践性。开放性、职业性和实践性的呈现,会使高职教育内在要求得到释放,内涵充分显现。

(三)开启"一对多"动态式"订单"培养

基于"一对多"校企联盟联合体,可以实现动态式"订单"人才培养。所谓动态式"订单"培养的含义是指:每年企业需要岗位人才的数量往往是变化的,这种变化可以在联盟企业间进行调剂,使得专业毕业学生数量与联盟企业岗位需求数量相对应、相接近,这种校企联盟模式构成相互协调、彼此依赖的关系,实现了"订单"培养。这是因为学校在招生时,征求了联盟企业未来3年的用人数量,到学生毕业时,联盟企业一定会出现用人数量变化的情况,再通过联盟组织有效调剂企业间人才的需求,使得需要岗位的人才是平衡的,专业在人才培养的过程中不再拘于某个企业,又能为联盟企业提供很好的人才需求服务。

(四)引伸"一对多"联盟为一个"大企业"

由于防火管理专业(工程技术方向)对应的工作领域较小,岗位数量有限,社会上相关公司的规模一般也不大,往往会出现企业需要人才时,学校培养的人才满足不了企业需求的状况。同时,学校也有专业人才培养过多而企业吸纳不了的担心。通过建立"一对多"校企联盟,并把它看成一个"大企业",在"大企业"的机制上运行,形成"同舟共济"的环境,这样就在"一个企业"内部解决企业需要人才的问题,从而避免了问题的出现。以"大企业"培养人才的态势,可优化人才培养途径,还可深化技术技能人才培养方式。

第三节 "一对多"校企合作联盟的实践

在不断地理论学习、政策精神理解和积极实践的基础上,校企合作模式的创建需要对高等职业教育有较深刻的理解,要有把握好高职教育运行规律的能力,新模式的创建才能取得较好的效果,从而达到育人和为企业服务的目的。"一对多"校企合作联盟的建立又被称为"一对多"人才培养模式。

一、"一对多"校企合作模式的内涵

(一)建"一对多"校企合作联盟模式

高职教育主要有两个主体,一是学校,二是企业。当然,也不能忽视学生,尤其是顶岗实习期间对学生的考虑。在校企合作中,往往学校主体是一家,企业主体是多家,通过一家企业把多家企业联系在一起,并以一个教学标准进行教学活动,使培养出的人才标准也具有相应的一致性,从而提出以学校一家对企业多家建立"一对多"校企联盟的设想,以新的理念且易于融合的概念建立起校企合作。这种合作方式上的创新,使之更为有效地培养高质量人才。联盟建立的基础是要有一定数量的企业参加,这需要征求企业的意见,然后与学校签订防火管理专业(工程技术方向)校企合作联盟意向书(详见附录3)。

(二)树"一对多"校企合作联盟章程

章程是校企合作的纽带与稳定器。章程的制定要充分听取校企双方的意见并达成共识,核心要遵循市场作用和高等职业教育发展规律,章程是校企合作的行动指南和遵守规则,作为合作的基础需要在实践中逐步完善。《防火管理专业(工程技术方向)校企合作联盟章程》共有六章二十六条(详见附录4),一旦确定,不宜随意变更,若出现问题,应及时沟通,加以解决。在章程实施过程中要充分发挥学校与企业两个主体要素在高等职业教育过程中各自不可替代的作用,本着自愿平等、互惠互利的基本原则,承担各自职业教育责任,并共享合作成果。

(三)立"一对多"运作方式及长效机制

(1)校企合作联盟要充分体现出高职教育的实践性、开放性和职业性的特征。

(2)校企合作联盟以动态式"订单"培养人才为抓手,增强校企契合度,增添探索、实施的有效途径和措施。

(3)校企合作模式可以看作是防火管理专业(小专业)背靠联盟(大企业)的机制运行,紧密度有所提高,可培育出高质量人才。

(四)创"一对多"校企合作联盟理论

联盟共同探讨高职专业建设问题,形成"企业支持职业教育,教育为企业服务"的局面,这是需要持续研究的课题,进而要进行理论创新和实践创新来支撑"一对多"校企合作联盟的实现。经不断探索和经验总结,学校发表了《高职院校"一对多"校企合作联盟的构建》一文,对"一对多"校企合作联盟进行了理论阐述,以指导实践。

二、教育规律和市场作用的统一

"一对多"校企合作联盟模式能较好地预知专业办学的规模,明确教学内容,了解就业的基本情况,能较好地避免高职教育的盲目性。从企业的角度看,可预知学校培养人才的规格,有利于企业稳定发展,较好地体现出学校主办高职教育"要以服务为宗旨,以就业为导向,走产学结合发展道路,工学结合的本质是教育通过企业与社会需求紧密结合"和"高等职业院校要按照教育规律和市场规则,本着建设主体多元化的原则,要紧密联系行业企业,厂校合作"的要求。由于"一对多"校企合作联盟模式遵循了教育规律和市场作用,与其他模式最大的不同点在于双主体教育,且企业主体是多元的,这既保证了学校在高等职业教育过程中的主动性,把握按照教育规律办学,又能较好地体现出为企业服务的教育本质,充分显示了以市场为导向的高等职业教育要求。模式成果的主要特色体现在高等职业教育规律遵守和市场作用的统一上,使教育主体与用人主体两个方面的活动都得到了较好的体现和发挥,也得到了较充分的融合,避免了校企合作模式常出现的问题。

"一对多"校企合作联盟模式使专业获得了较好的发展。除了社会需求的原因外,很大程度上体现在与企业很好的合作上,相互尊重的合作使得该专业得到社会的认可,这归功于合作双方都遵循了市场作用,企业理解学校按照高等职业教育规律办学的要求,学校理解企业目前社会环境的要求,合作双方又都能理解学生渴望多学一点的有用知识,以及彰显个性现代青年的特点。高等职业教育培养人才是需要时间周期的,需要在教学中持续对知识的传授,需要按照知识层次展开,不等同于企业需要立竿见影的培训方式,也就是说,学校教育不是专项的培训机构。因此,在教育教学过程中,要按照知识的系统性、传授性、验证性、有用性,通过学校的有效组织,根据学生专业学习特点完成培养目标要求的教学任务,这既能满足企业岗位能力要求,又能为今后工作具有学习能力打下基础。

另外,高等职业教育适应企业需求,就要遵循市场作用,紧紧围绕市场来办学。企业是市场的主体,企业一切活动都体现市场的作用,企业需要人才是企业活动重要组成部分,企业的发展关键在于人才。企业人才主要来自两个渠道,一是人才市场配置,二是从学校毕业生补充。但就学校提供给企业人才方面,学校如何培养人才一直是教育的命题,学校不仅要抓好教学质量,还要使学生适应市场作用的要求。企业有选择学生的权利,学生也有选择企业的权利,进而学校培养的人才要在双方共同利益的基础上,实现相互接受的可能,最终形成利益共同体。在这一过程中,我们认为学校只是实现双方利益的平台,这个平台既能给学生提供完整的高等职业教育,又能给企业提供人才需求的选择,而平台是在市场作用下搭起的。

通过我院防火管理专业(工程技术方向)人才培养的实践初步证明,"一对多"校企联盟方式有效地解决了高等职业教育内在要求问题和企业迫切需要适应岗位人才的要求问题。

三、"一对多"校企联盟运行机制

2011年,"一对多"校企合作联盟模式开始实施,以校企合作联盟章程为基础,以学校为依托,以联盟为形态,企业自愿参加,创建了人才共同培养、成果共同享有、责任共同承担的"大企业"合作组织形式并运行。在运行中,这种模式在较好地体现市场经济条件下,以学生为本,充分发挥学校、企业两方的积极性,基本消除了

"学校热、企业冷"的局面。我们认为这种模式完全有别于目前的学校依靠政府协调各行业或忽视市场作用建立起来的校企合作联盟模式,也有别于上述分析的校企合作模式。

"一对多"校企合作联盟一旦运行,校企合作联盟新模式的效果如何,关键在于校企合作联盟组织结构的创新和运转机制的创新。联盟组织(委员会)由学校(教育人士)和热心创建校企合作联盟的诸家企业(企业人士)组成,共同建立起符合高职教育内在要求的运行平台,校企合作联盟委员会由学校主管高职教育的校领导和一名有影响的企业董事长(总经理)担任主任委员,委员会成员由校企合作联盟中的企业代表和学校管理部门负责人、专业教师组成,委员会主要责任是制定联盟章程、联盟机构及运转方式。联盟委员会决定下设秘书处,放在学校,秘书处负责人由专业教研室主任兼任,负责联盟运作和组织协调等工作,并向联盟委员会提出校企合作、共同培育人才有关事宜建议。

四、将"一对多"校企联盟视为"大企业"

专业自 2005 年开始招生以来,通过不断地进行教学改革,在校企合作模式上有一定的探索(如工学结合的"2＋1"教学模式取得了较好的教学成果),学生受到了用人单位的普遍好评。由于消防工程、防火管理专业的就业领域小,相关公司的规模也小,当企业需要人才时,学校不能将学生及时输送到企业,尤其是适应消防工程领域岗位急需的技术技能人才(如在设计过程中强调的是工程制图、工程预算;在施工过程中强调的是工程规范、标准;在管理上强调的是办公自动化、工程档案等)。为了解决这些问题,我们需要在原有的校企合作模式的基础上创新,但如何创新一直是个问题。经过与企业密切接触和积极探讨,我们发现完全可以在原有校企合作的基础上建立新模式,这样"一对多"校企合作联盟模式随即而生,这种模式不仅体现学校与多家企业的合作关系,还可通过该模式将多家企业有效地组织起来,为专业的招生、教学和就业提供较完善的服务,较好地解决了背靠企业培养专业人才的问题,小专业背靠了"大企业",就基本满足了"大企业"结构对职业教育的要求,符合高等职业教育为企业服务、向集团化方向发展的要求。

"一对多"校企合作联盟模的实现及运转,体现了较好的"大企业"背景。一是教学内容的针对性更能符合企业要求,更易组织教学,避免了主观上的盲目性;二是学生有较好的实践环境,即使再好的学校也难以在校内提供最真实的实践条件,也就是说,学生只有到生产一线学习才能获得最真的实景体验和能力;三是教师有了理论联系实际的平台,通过到企业调研参与实践,教师提高了将理论知识运用到实际教学中的能力,教学质量也有了提高;四是学校教学有了"大企业"联合体的支撑,使办学更凸显了企业背景,学校对办学理念更有信心,行动也更加坚定。

五、"一对多"校企联盟实现了"订单式"培养

（一）看成一个"大企业"培养人才

高等职业教育最理想的形态是实现"订单式"培养，按企业要求组织教学，最终全部对口于企业，学生到企业工作。"订单式"培养固然是学校最理想的人才培养方式，它使得学校和企业都能得到最佳的资源配置，但学生作为"订单"的主体，他们中的绝大多数往往不会被轻易接收，即使被接收了也会在一段时间后出现一些问题，如与想象的工作环境有偏差，或企业发展前景不明朗，或工作待遇不尽人意等，这些问题使学生中途改变了工作想法。职业教育订单化的想法在实践中一般不会成功（除非依靠好的企业实现订单），主要原因在于没有充分考虑市场作用的因素，尤其小的专业、小的应用领域更是如此。既然"订单式"培养模式对学校和企业都有益，那么怎样才能获得这种培养方式呢？经建立"一对多"校企联盟有效方式的运作，将众多企业看成一个"大企业"，"大企业"对学生就业具有明显的吸引力，对教学开展具有明确的指定性。同时，研究发现该联盟有两个特点：一是"大企业"中的企业对专业人才培养所需知识的共性较为一致，只需要稍做调整就能满足各个企业的要求，这为"订单式"培养提供了教学实施的条件；二是联盟中这些企业的任一企业或几家企业，都无法承担全面接收顶岗实习和就业的专业学生，这为寻找新的培养方式提供了思考动力。因此，校企联盟提出的动态式"订单"人才培养思路符合学校和企业的共同愿望，也为高等职业教育人才培养方式提供了一个新的形态。

（二）动态式"订单"培养的实现

动态式"订单"人才培养是在新模式中的一次理论创新和实践提升。一是就防火管理专业（工程技术方向）建设而言，消防工程类企业普遍规模较小；就企业个体而言，无法接收更多的学生进行顶岗学习，且有共同知识结构要求。二是在市场作用下，学生有事业发展的选择权。三是企业的运行情况不同，无法准确预测第三年（毕业时）所需的专业人才的具体数量。因此，"一对多"校企联盟较好地解决了专业培养人才与企业需求之间的矛盾。动态式"订单"就像一个蓄水池，学校根据企业预测的三年后人才需求情况，结合社会发展趋势及教学能力，决定招生人数。在培养过程中，专业不断与企业沟通，了解企业人才需求变化情况。待学生毕业时，在"一对多"校企联盟的平台上，根据市场变化情况，企业与学生进行资源重新配置，签订协议。从某种意义来说，学校完成的是联盟平台上的"订单"培养，对企业而言就是动态式"订单"培养，有需求就多接收学生，需求不大就少接收学生，甚至不招。

动态式"订单"培养基于"大企业""好企业"的基础之上，这是一个很好的构想。"订单"培养背靠企业就是一种最好的办学模式，"大企业"和"好企业"的技术技能型人

才都是这样培养的。而在社会服务类高职专业中是很难实现的,因为企业的需求往往是动态的、少量的,而就整个社会来讲,需求又是大量的、稳定的,如果理论研究和实践能够有所突破,则会很大程度上提升办学规模和办学效果。经过近两年专业与企业合作实践,较好地实现了动态式"订单"培养的设想,体现出了人才培养的优越性,最大突破是把原来束缚校企双方的枷锁打开,充分表达了各自愿望,实现了各自目标。

联盟企业依自身发展规划,向学校提出人才需求数量,学校制订招生计划,这样可较好地避免企业需要人的时候招不到人,学生毕业后找不到合适工作的问题,从而使企业用人岗位数量和学校就业人数之间的供求关系基本达到平衡,实现了动态式"订单"人才培养的目的。该模式有利于学校确定专业规模,便于学校分配资源,能够适时为企业提供所需人才,企业在分享学校资源优势的同时能得到更好的发展,能够较好地适应市场对企业的要求。动态式"订单"人才培养可以有效避免网络时代及市场作用下"订单"培养出现的弊端,一是避免了"订单"培养"只知企业,不知岗位"的现实问题;二是避免了"订单"培养盲目选择,忽视学生的天赋和兴趣的情况;三是避免了"订单"变成"钉单"的现象。

六、联盟体现出高职教育的实践性、开放性和职业性

"一对多"校企合作联盟新模式使学生在接受教育的过程中易于获得企业元素,高等职业教育的实践性、开放性和职业性能较好的在教育教学中凸显出来。第一,在确定人才培养方案上,企业作为需方应积极参与,保证方案内容具有职业特点。第二,方案的执行因为有企业的积极参与和执行,所以可为学生提供感知性的现场环境和实践性的生产环境。企业人员到学校讲学,可以充分体现出企业所需要的企业文化、知识范围、能力素质要求,具有很强的针对性、实用性。第三,企业按照自身发展情况和当年岗位情况,在学生进入顶岗实习之前,通过双向选择确定顶岗实习岗位。在顶岗实习前的这段时间,学生可以根据企业的要求,进行针对性的校内学习与实训,进入顶岗实习后,能用最短的时间将能力发挥出来,增强了学生的自信心。第四,学生通过与企业的密切接触,逐渐接受企业文化,提高其为企业服务的意识和爱岗敬业意识,促进了学生自身的人生规划和发展。联盟的建立使学生具有较稳定的实践学习环境,专业教育充分彰显了实践性、开放性和职业性。

从专业一年的顶岗学习和毕业实践来看,要想学生的职业能力达到企业岗位的基本要求,只有使学生参与实践活动,按照教高〔2006〕16号文件的要求安排好学生的顶岗学习,顶岗实习期间与企业员工一起工作和生活,使学生逐步将书本知识应用到实践中。专业正是通过"一对多"校企联盟模式建立起来的校企合作关系,才使企业顺利地接纳专业学生的顶岗学习,新模式的办学效果得到了企业的充分认可。

七、人才培养方案支撑了校企联盟运行

专业办得怎样主要体现在人才培养方案上,人才培养方案的制订依据主要取决于制订者对高职教育职业性、实践性、开放性的认识,较好的可实施的人才培养方案一定来自企业的参与和审定,依托学校和企业精心组织并实施,其结果也一定是符合高职教育教学规律的和市场规则的,学生获得的是就业能力和继续学习能力。

专业制订了基于现代信息技术的人才培养优化计划,联盟企业提出了很多很好的建议,如消防系统的设计一定要与施工经验相结合,否则会出现理论与项目施工实际不协同的现象。在执行中,除了重视顶岗实习教学环境外,还在校内教学过程中不断与企业沟通。实践证明,"一对多"校企合作联盟的人才培养方案是较好的,也是可执行的,并在执行中获得了满意的效果。

专业的毕业生已经成为沈阳地区消防工程领域不可忽视的骨干力量。目前,在校学生已得到部分企业青睐,专业人才方案及修订不断地得到企业的支持,并正在显示出更好发展前景。校企合作的深度决定着合作育人的水准。企业实践教学(顶岗实习)实行"初识岗位、职场体验、顶岗实习"三个阶段育人过程,也是现代学徒制的一种安排。学生顶岗实习前与企业签订学生顶岗(与习岗实习、跟岗实习、顶岗实习对应)实习协议(详见附录4)。

第四节 "一对多"校企新模式实践效果

专业经过与企业合作实践,证明了"一对多"校企合作联盟是有效的和成功的,联盟不仅促进了双方合作,还促进了理论创新和模式创新。例如,创造了动态式"订单"人才培养理论,视联盟为"大企业"的发展理念。"一对多"校企合作联盟能更好地运转,并将成果转化到学院其他高职专业的教育中,这主要体现在教育规律与市场作用的相互统一,实现了符合专业特点的新模式创建和实践。同时,在联盟委员会的指导下,经秘书处的努力,各位委员纷纷就各个环节的具体问题展开研究,探寻解决办法,寻找最佳操作路径。这些措施有效地促进了资源的优化配置,不断提升了产教融合水平和校企合作水平。

一、增添了校企合作新模式

"一对多"校企合作联盟以章程的遵守作为合作的基础,联盟为校企合作模式增添了新成员。章程第二条中关于联盟的性质规定,本联盟是在遵循高等职业教育规律和市场规则,以学生为本的基础上建立起来的学校与企事业单位联系的桥梁与纽带,致

力于加强学校与企业在人才培养、专业建设、实习实训、顶岗就业、订单式培养、菜单式培训和技术开发、服务、咨询、项目申报、科研成果产业化等方面的全面合作,加强学校与企业之间在人才、技术、信息和资源等方面的合作,探索有特色的产学研相结合的合作平台模式。章程第三条中关于联盟的宗旨规定,本着自愿平等、互惠共赢的原则,充分发挥学院的办学优势、人才优势、智力优势,以及企业技术、生产和设备资源优势,搭建校企合作平台,促进校企各自更好的发展。在校企合作模式的设计上充分体现了高等职业教育规律和市场规则的两方面要求,在实践上也较好地体现两个方面的客观存在性。因而,新模式具有一定的突破,是可以被其他专业借鉴的,为高职教育人才的培养提供了一个新模式。新模式在具体操作上还突破了专业设计的"2+1"教育教学的固有束缚,使学生在每年5月中旬就开始进行顶岗实习,给企业提供了很大的人才需求空间,充分体现了"以服务为宗旨,以就业为导向"的职业教育根本要求。

二、呈现了"大企业"特质办学特征

小专业(是指开设的专业院校少、招生人数少、社会应用面窄的专业)在高等职业教育中是客观存在的,如何能够背靠企业办学具有一定的挑战性,也是小专业建设思考的重要问题。首先,以创新模式为思考基础,经研究探索,提出把"一对多"联盟看成一个整体。其次,在实践中根据校企合作情况,逐渐向"大企业"机制延伸,进行探索合作,搭建起新的共建平台,将更有利于人才的培养。于是,校企双方在相互尊重的前提下进行"大企业"运作的初步探讨,在背靠"大企业"基础上提出建设意见,以共同需求、相互协作、合作共赢为目的,凸显小规模企业(受行业本身的制约,企业规模都较小)依市场作用"组建"一个"大企业"的强烈意愿。经学校与众多企业精诚相助,校企联盟新模式向"大企业"延伸和运行是可行的,初步实践效果也是好的。从学校的角度来看,学校面对多家企业办学,而多家企业又以章程为纽带在联盟委员会的组织下形成一个整体(大企业),从而使专业背靠了一个"大企业"开展高等职业教育。这样就可以将消防工程及管理类企业组织起来,使每家企业接收一部分学生,在企业实践中得到职业化培养,即使某家企业当年因某种情况不能接收学生,对学校来说,有了这种"大企业"性质的联合体,终能保证学生顶岗学习所需的岗位,呈现出了"小专业""集团化"办学的初步局面。

三、新模式具有很大的推广价值

新模式研究成果是在以防火管理专业(工程技术方向)为对象的基础上取得的,并且专业在教育期刊上公开发表了《高职院校"一对多"校企合作联盟的构建》文章,使其在理论上有了支撑。随着教学活动的深入展开,大家意识到其成果可以应用到其他专业的教育教学中,具有很大的教育推广价值。

（一）模式推广的原因

第一，大部分高职专业可以确定适合自己的教育教学模式。"一对多"校企合作联盟模式的初步建立，形成了专业教育上"大企业"的企业模型，在教育教学活动上体现了一个"大企业"的形态背景。"一对多"模式把校企两个主体较好地融合在一起，有了"共同培养人才"的强烈愿望，使教育链与产业链的衔接更顺畅，专业教育的职业性、开放性、实践性得到较好的体现。因此，部分高等职业教育专业只要抓住校企合作这把"钥匙"，就完全可以创建属于自己的专业建设模式，也可以以"一对多"模式为基础，创建新的模式，如"两对多""多对多"等校企合作模式。

第二，大部分高职专业可以建立符合自身需求的校企联盟机制。专业于 2012 年 5 月 31 日召开了"小专业""集团化"校企合作研讨会，会上讨论了"一对多"校企合作联盟章程，并就建立校企联盟的意向达成基本共识。会议同意按章程规定的内容开展防火管理专业教育教学活动，从中发现问题，完善章程，待来年校企联盟委员会召开会议时，正式确定章程并共同签署。从"一对多"校企合作联盟的运行机制来看，高职专业只要确定好自己的校企合作模式，其完全可以借鉴"一对多"校企合作联盟建立起来的运行机制和运作方式，创建属于专业本身的新的校企合作联盟机制。

第三，大部分高职专业可以确定自己的培养"订单"。"一对多"校企合作联盟模式下的动态式"订单"充分调动企业关注防火管理专业建设的积极性，时刻关注人才培养。与此同时，学校也充分发挥协调、推荐、配合作用，按市场规则将学生输送到需要人才的企业中，创新的思维较好地解决了专业脱离行业企业的问题。动态式"订单"模式使高职专业积极探索校企合作模式，建立有效的校企合作机制，确定校企合作中为企业培养人才的输出方式，并对输出方式进行理论与实践上的创新，从而上升到专业培养人才"订单"的具体形态。

（二）模式推广的基本价值

1. 从企业的角度看

校企合作可知晓并获得益处。一是可预知学校培养人才的规格，二是可知晓人才素质能力基本情况，三是可知晓何时能培养出企业需要的人才。人才是企业最为关注的，也是最重要的资源，让企业充分知晓这些，就是让它们认识到对其发展的重要性，也是较好体现教育部教高〔2006〕16 号文件中"以服务为宗旨，以就业为导向，走产学结合发展道路，工学结合的本质是教育通过企业与社会需求紧密结合"要求，以及教育部教职成〔2011〕6 号、9 号、11 号、12 号等系列文件指出的"要加快构建现代职业教育体系，紧密建立起产教融合、校企合作、工学结合的一体育人模式，有条件的向职业教育集团的方向发展"的要求。

2. 从学校的角度看

企业主体使职业教育完美。校企合作是让企业知晓并充分理解学校办高职教育是为企业服务的,让企业自觉地融入教育教学过程中,让企业在专业建设上有话语权,并可根据企业的要求制订适合企业岗位要求的人才培养方案,使教学活动有的放矢。办学需求来自企业的支持,办学目的就是为企业培养高质量人才。这不仅体现了高等职业教育的规律和市场的客观要求,还充分体现了高职教育实践性、开放性、职业性的特征要求,使高职教育较好地呈现出"学校企业双主体育人"的本质特点。

3. 从职业教育的社会角度来看

增添了新的运作方式。"一对多"校企合作联盟模式遵循了教育规律和市场规则,与其他模式最大的不同点在于突出了双主体且企业主体是多元的。"一对多"校企合作联盟模式的运行以章程为基础,只要遵守章程,相关企业都可以加入并成为联盟成员,在承担成员自身责任的同时,也可从校企合作联盟中获得相应的利益。"一对多"模式不仅可保证学校在高等职业教育过程中的主动性,把握按照教育规律办学的特征,还能较好地体现为企业服务的教育本质,充分显示了以市场为导向和以就业为导向的高等职业教育要求,使其可以成为高等职业教育培养人才的一种有效的校企合作模式。这种模式不仅为防火管理专业的人才培养、实习、就业等方面提供了有力保障,而且在工程技术类专业领域具有推广价值和示范作用,可以被有效复制。

"一对多"校企联盟模式可较好地预知专业办学条件、效果和规模,明确教学内容,预知学生就业的基本趋势,能较好地避免专业建设中的盲目性。

四、联盟创建应考虑的问题

(一) 理论与实际结合的"有效机制"问题

这主要体现为学校对校企合作热情很高,能够从企业的角度为其思考,建立有效的合作机制,并通过各种途径培养学生的企业文化及企业责任。例如,毕业学生和企业相关专家走进学校,开展专题讲座。但在实习过程中还会出现学生不稳定现象,企业对此并没有像在学校里一样采取合理的方式,协助学校处理这种情况。建立理论与实际结合的有效机制需不断处理理论与实践结合时出现的问题,更好地指导校企合作教学活动的开展。

(二) 不断完善人才培养方案

在人才培养方案进一步完善的过程中,企业对学校的教育教学存在某种程度上短视的问题,存在关注度不够的问题,存在"现用人,现招人"的问题(一般出现在未按联盟要求提出人才需求计划的企业中)等,这需要针对企业的实际情况,不断完善人才培养方案,才能最大程度地满足企业需求。完善的人才培养方案需要不断创新,深化理论研究和实践研究,实现理论与实践的统一。

总之,联盟新模式构建了"机制共商、资源共享、专业共建、师生共进、模式共创"的校企合作方式,为学校提高技术技能人才的培养质量,提供了强有力的支撑。

五、新模式下学生顶岗实习情况

"一对多"校企合作联盟始于 2010 年,应用于 2011 年,成熟于 2012 年。在此我们对 2011—2013 年顶岗实习的学生进行综述,并列举了部分顶岗实习学生的工作经历,从中了解校企合作必要性及合作效果。

(一) 2011—2013 年学生顶岗实习综述

专业经历了从粗放式、探索式的顶岗实习到"一对多"校企联盟模式构建的实践之路。2011—2013 年是模式取得阶段性成功的验证及丰收之年,这也为专业教育教学改革发展夯实了的基础。

2011 年是专业为满足企业需求对顶岗实习时间进行调整的第一年,实现了教学周第 11 周(第 4 学期)结课,学生完成课程考核并提前走进企业参加顶岗实习。同年 3 月,陆续有联盟中的 12 家企业来到学校进行双向专场招聘活动,经过企业宣讲、学生自我介绍、企业现场考核、面试等环节,有 10 家企业录用了 29 人(当年共有顶岗实习学生 32 名,其中有 3 名学生主动不参加学校的顶岗实习,选择自主实习实训),当年学生顶岗实习率 100%,专业对口实习率达 90.6%。这 10 家招聘企业分别为沈阳鑫安消防工程有限公司、沈阳安泰胜消防设备有限公司、兴隆大家庭盘锦店消防科、沈阳景盛消防工程公司、沈阳奥兰消防工程公司、北京费尔消防工程公司、沈阳百标消防检测有限公司、沈阳浩安消防工程有限公司、辽阳北方消防工程有限公司、红星美凯龙集团浑南店和大东店,学生均进入这些企业的与专业相关的消防工程类及消防管理类岗位。其中,自主实习的 3 名学生中有 1 名是到辽宁省鞍山市消防支队实习实训。梁景威是这一届学生中的一员,在顶岗实习公司踏实肯干、虚心学习,在学校老师和企业师傅的共同培养下,成了一名优秀的实习生。实习结束后,他被公司录用为正式员工。目前,他工作于辽宁金辰消防工程有限公司,从事消防工程的施工现场技术管理工作。

2012 年 5 月初,联盟中的 13 家消防工程公司来到学校招聘 2010 级学生参加顶岗实习,共招聘了 44 名学生,其中有 7 名学生不参加学校顶岗实习,实现参加顶岗实习率 100%,专业对口实习率 86.3%。学生在顶岗实习期间从事消防工程的施工、预算等专业性很强的本专业对口工作,带薪顶岗实习期间待遇优厚。这 13 家企业分别为沈阳浩安消防工程公司、沈阳鑫安消防工程有限公司、大连新盛消防工程公司、沈阳安泰胜消防设备有限公司、北京费尔消防工程公司、沈阳奥兰消防工程公司、天龙消防工程公司、大连华威消防工程公司、南京消防工程公司、沈阳德隆通风设备制造有限公司、北京多华消防工程安装有限公司、辽宁华安消防有限公司、大商集团沈阳分公司。许泽群是这一届的实习生,出于对消防安全管理岗位的热爱,他来到了大商集团沈阳于洪新玛特商场从事开业前的消防安全管理工作。每天,消防系统施工方会对商场的系统进行调试、测试、打压、试水等工作,许泽群作为商场方的工作人员,也参与到这些工作中,填写各种报表。一次,施工方的工作人员因看错了图纸而被许泽群纠正了,这件事恰好被消防公司的领导看到了,通过跟许泽群的沟通了解了他的知识背景,并对其学校的培养体系很感兴趣,当即向许泽群发出了邀请,希望他能加入自己的团队,这也为后来学校与这家公司建立实习实训关系奠定了基础。目前,许泽群在广东依然从事他热爱的消防安全管理工作,并准备考取注册消防工程师证。

2013年,"联盟"中的9家企业来到学校招聘2011级实习生,最终有40名学生到企业顶岗实习,10名学生自主实习实训(其中有5名学生自主实习仍从事与专业相关的消防工程类工作),顶岗实习率100%,专业对口实习率90%。这9家企业分别为沈阳家乐福于洪店、锦州智多消防工程有限公司、辽宁喜武消防工程有限公司、沈阳奥兰消防工程公司、辽宁华安消防有限公司、沈阳鑫安消防工程有限公司、辽宁新力消防工程有限公司、万科地产、辽宁强盾消防工程有限公司。其中,辽宁强盾消防工程有限公司当年是全国消防行业内知名企业,也是辽宁首屈一指的消防工程企业,承揽全国的万达广场消防项目。2013年,该企业第一次与专业合作,并且当年共招聘15名学生,这些学生均从事万达广场项目,其中李想表现优秀被评为企业评为优秀员工,并且直到2019年,刘滨瑞依然在公司工作,当年实习的张阳则跳槽到万达集团地产方从事消防工程管理工作。

三年的顶岗实习数据验证了"一对多"校企联盟模式教学成果的实践性及有效性,体现了在校企合作过程中充分考虑企业、学校、学生三方利益的共赢,这也是校企联盟稳定发展的前提。

(二) 毕业生成长自述

刘博同学顶岗实习及工作经历

我是2013届毕业生刘博。记得2012年4月初,通过学校老师前期的沟通与交流,不少消防企业与我校联合举办现场招聘活动,即将迈出校门参加实习的我们依旧十分迷茫,说句实话,我们当时一心想去大一点的公司发展,经过多家消防企业的招聘,不少同学被招走了,还剩下我们一部分人。机会来了,一个规模相对大一点的公司到我校招聘,经过上报简历和面试后,我进入现在的公司——辽宁奥兰机电设备安装工程有限公司(原辽宁奥兰消防工程有限公司)工作。刚来公司时,我被安排在第三管理中心鞍山项目部工作,负责鞍山东北摩尔项目(约8万平方米商铺及高层住宅楼),实习工资为1000元,每月补助900元,职务为项目经理助理。

自2012年顶岗实习及入职以后,项目上的各个阶段负责人以及公司部门领导对我非常关心,让我从看图、识图学起,三中心杨总每日督促我看书、看图纸、查图集,并且于晚饭之后进行考核;同时,杨总还让我负责现场描图的工作,让我对现场施工进度及所完成时间有整体把握,虽有时被严厉批评,但现在回忆起来仍是美好的回忆。

2013 年 5 月，东北摩尔项目现场施工完成，后续调试及检测验收工作我没能参加，因为我被调到鞍山恒龙永康机电五金城（20 万平方米商铺）项目，职务为项目经理助理，薪资为 1 600 元，补助 900 元。

我来到机电五金城项目时，项目已基本完工，我参与了后续消防检测验收阶段工作，经历了现场全程的消防调试与验收的过程，了解了施工完成后调试标准及消防验收规范，增强了自己的业务能力。

2013 年年底，机电五金城项目交工，鞍山港龙义乌国际商贸城（约 12.5 万平方米的大型综合商场）正式签订合同，因领导信任，由我负责此项目，此项目是我第一个全程负责的项目，职务为项目经理，薪资为 3 000 元，后调整薪资为 3 500 元。其间，我受到二中心项目负责人孔总及一中心项目负责人关总的照顾颇多，从他们身上学习了很多宝贵的施工经验。2013—2014 年是自己业务能力全面提高最为重要的一年，无论是在专业上，还是在项目沟通及管理上都有了质的突破，具备了独立完成项目的能力。

2015—2017 年年初，我又相继负责葫芦岛御景湾后续验收工作和辽阳红星美凯龙后续工作，独立完成鞍山恒大名都首期 4♯楼、7♯楼、13♯楼及电影院项目，鞍山恒大绿洲 7♯～10♯楼及运动中心（体育馆）项目，职务为项目经理，薪资为 4 500 元。

2017 年 9 月，我被调至第二管理中心，因公司规模扩大，施工范围不局限于消防相关工程，还承接机电工程、暖通工程及给排水所有工程。后因工作需要调至浙江义乌，与中建八局合作，完成浙江省铁路义乌站交通枢纽项目。职务为机电部生产经理，薪资为 7 000 元。

2018 年 6 月，义乌站交通枢纽项目基本完成，考虑到个人发展，我辞职回到辽宁，并于 8 月入职南京市消防工程有限公司沈阳分公司，职务为项目经理，薪资为 10 000 元；9 月，出差至哈尔滨负责红星威尼斯项目至今。

时至今日，我发现自己不足的地方还有很多，做好一个项目经理，不单单只是做好工程管理技术及沟通工作，还有很多东西需要学习，如预算、招投标等，只有不断努力提升自己，才能更好地胜任未来的工作。

2019 年 7 月

娄爽同学顶岗实习及工作经历

我是娄爽，是 2013 届辽宁公安司法管理干部学院（辽宁政法职业学院）防火管理（工程技术方向）专业毕业生。我于 2010 年 9 月入校，在校学习两年，大三开始进行顶岗实习，至今已工作 7 年多。现任一家造价审计事务所电气专业审计工程师。

2012 年 6 月，经学校推荐，我成功应聘到辽宁奥兰消防工程有限公司，担任岗位设计师，主要从事优化消防喷淋系统、消火栓系统图纸工作。顶岗实习期间，学校学习的知识得到了充分利用，同时更加深化了所学知识。经手项目：沈阳红星美凯龙（龙之梦店)项目喷淋系统图纸的优化设计等。

2013年8月,我转到预算部门,负责消防水专业的计量、计价、施工组织设计等工作。经手项目:沈阳恒大名都三期项目结算工作。

2014年,我在工作期间认识了设计院合作单位的同事,通过设计院同事介绍,我了解到消防专业仅为建筑专业中的一部分,并得知沈阳有许多造价培训机构,试听后下定决心学习机电安装(消防专业也包含在内)。通过这一年培训机构的学习,我初步了解了机电安装造价行业具体工作及流程。

为了能够学以致用,我来到了造价事务所,入职知名甲级事务所辽宁中财工程造价咨询事务所,并工作至今。其间,我主要从事省市财政、法院委派的给排水、空调新风、采暖工程、电气工程、弱电工程、消防水、消防电、消防通风等专业的审核工作。经手项目:沈抚警务工作站正式电工程。

工作过程中,我主要获得了以下成长经历。

2014年,取得全国建设工程造价员三级资格证书;

2016年,工程管理成人本科毕业,获得管理学学士学位;

2017年,取得二级建造师证书(机电专业);

2018年,通过两科一级造价师考试。

以上证书的考取是我基于专业知识不断努力的结果。同时,这段经历也正是我走出校园,以防火管理专业(工程技术方向)为依托,一步步成长为一名电气专业的审计师的历程。

至今,感激周祥国老师给予的机会,让我成为"工程制图及消防工程CAD"课程的课代表,为我第一份工作奠定了基石;感激孙红梅老师的多次叮咛,让我知道消防造价方向的工作更加适合女生,让我明确了工作的最终方向;感激吴丹老师工程预算专业的启蒙;感激张丽丽老师授予消防电气专业知识。学校不仅教授了我扎实的专业基础知识,警务化管理的校园生活还培养了我遇到困难勇往直前、锲而不舍的毅力。

2018年10月

第四章 "小专业""集团化"建设理论与实践

"小专业""集团化"的概念是在"一对多"校企合作联盟建设实践中提出的。2012年5月召开的校企合作工作会议,其主题是"小专业""大集团"建设,其中"集团化"是校企联盟类似一个"大企业"结构的延伸,是产教融合、校企合作、工学结合的又一次深入探索,从而进行"小专业""集团化"校企合作的理论创新,并在防火管理专业(工程技术方向)中实际应用。理论研究的观点成熟于2013年申报辽宁省高等教育学会"十二五"高等教育科研项目"高职教育'小专业''集团化'实训基地建设研究"课题(2013年10月立项,项目编号:GHYB13266;2015年10月结项,证书编号:GHJT201502149)之中,其间发表了《"小专业""集团化"实训基地建设与实践》《"小专业""集团化"引领的高职教育教学模式的创新》论文,至此"小专业""集团化"理论建设基本完成,随之再实践、再探索。实践是在"一对多"校企合作联盟建设成果的基础上进行的,理论与实践的结合有了新的、更好的融合点,同时也把基于"一对多"校企合作的人才培养模式提升到具体的、明确的、操作性更强的"小专业""集团化"人才培养模式上。

第一节 实训基地建设情况分析

到企业实训是职业教育必备的教学环节,是学生获得工作岗位能力的必由之路。如何实施好企业中的实训教学活动,直接关系人才培养的质量和专业建设的实际效果。因而,专业建设一直把实训教学与研究放在突出的位置,不断进行探索与实践。实训基地是专业建设过程中的重要组成部分,是开展实训教学活动的基础,是不可或缺的学习环境设施和实习载体,是保障专业实训教学活动正常开展的根本性工作。

一、国家政策释析

2014年5月,国务院印发了《关于加快发展现代职业教育的决定》(国发〔2014〕19号)文件,《决定》第13条明确要求:推行集团办学制度。研究制定政府、行业、企业、院校、科研机构、社会组织等共同组建职业教育集团的支持政策。鼓励中央企业和行业龙头企业牵头组建职业教育集团。探索、组建覆盖全产业链的职业教育集团。健全联席会、董事会、理事会等治理结构和决策机制。积极推进多元投资主体共建职业教育集团的改革试点。发挥职业教育集团促进教育链和产业链有机融合的重要作用。

《决定》第17条要求：推进人才培养模式创新。坚持校企合作、工学结合，强化教学、学习、实训相融合的教育教学活动。推广教师团队化教学和学生合作式学习。推行项目教学、案例教学、工作过程导向教学等教学模式。加大实习实训在教学中的比重，创新顶岗实习形式，强化以育人为目标的实习实训考核评价。健全学生实习责任保险制度。积极推进学历证书和职业资格证书"双证书"制度。开展现代学徒制试点。

《决定》首次提出集团办学要求。编者认为，这里的"集团"有四层含义，一是国家相关机构、组织支持组建教育集团，二是有能力企业牵头组建教育集团并改革试点，三是组建的教育集团要向覆盖全产业链方向探索，四是集团要在教育链和产业链融合上发挥作用。"小专业""集团化"实训基地建设中的"集团化"是基于校企合作联盟的延伸而具体化的，是联盟中企业的集合体，并把集合体看成一个集团而进行的改革创新。"集团化"的概念始于2012年，并在实践中开始探索，早于国家政策中的要求，具有一定的前瞻性，对职业教育的发展趋势具有一定的敏锐力，有效促进了专业教学、学习、实训的融合，顶岗实习形式更为丰富，实训考核评价机制也建立起来了。

2015年6月，教育部印发了《关于深入推进职业教育集团化办学的意见》（教职成〔2015〕4号）文件，《意见》第1条指出：开展集团化办学是深化产教融合、校企合作，激发职业教育办学活力，促进优质资源开放共享的重大举措；是推进现代职业教育体系建设，系统培养技术技能人才，完善职业教育人才多样化成长渠道的重要载体；是服务经济发展方式转变，促进技术技能积累与创新，同步推进职业教育与经济社会发展的有力支撑。

《意见》第3条指出：职业教育集团化办学要坚持以服务发展为宗旨，以促进就业为导向，以建设现代职业教育体系为引领，以提高技术技能人才培养质量为核心，以深化产教融合、校企合作，创新技术技能人才系统培养机制为重点，充分发挥政府推动和市场引导作用，本着加入自愿、退出自由、育人为本、依法办学的原则，鼓励国内外职业院校、行业、企业、科研院所和其他社会组织等各方面力量加入职业教育集团，探索多种形式的集团化办学模式，创新集团治理结构和运行机制，全面增强职业教育集团化办学的活力和服务能力。

《意见》第6条指出：要强化产教融合、校企合作，推动建设以相关各方"利益链"为纽带，集生产、教学和研发等功能于一体的生产性实训基地和技术创新平台，促进校企双赢发展。

《意见》第9条指出：职业教育集团成员要共享招生、就业信息，坚持校企合作、工学结合，广泛开展委托培养、定向培养、订单培养、现代学徒制等，不断提高学生的就业率、创业能力和就业质量。

《意见》对集团化办学进行细化并提具体要求。第一，集团化办学是职业教育重大举措、重要载体和有力支撑；第二，集团化办学要坚持服务为宗旨、就业为导向、体系为引领、质量为核心、机制为重点和市场引导形式多样的办学模式；第三，集团合作各方以"利益链"为纽带，实现校企双赢；第四，集团化可以有多种模式，也可以以多种形式培养人才，共同提升人才培养质量，共享人才培养硕果。"小专业""集团化"人才培养模式和这四点要求契合度很高，也使其培养的人才得到企业高度认可。

二、实训基地建设情况

（一）国外实训基地建设

职业教育在发达国家发展得比较早，"实训基地"建设已经趋于成熟，主要体现为日本、澳大利亚、德国、美国等成熟的模式。

1. 企业进校模式

早在 1933 年，日本就成立"校企合作研究委员会"。这种模式的主要特点是：职业院校邀请企业在校设置实训基地，将企业信息、生产设备等系统在校共享并指导学生就业，双方都承担着重要的职业教育责任。

2. TAFE 模式

TAFE 是指职业技术学院。这是一种以澳大利亚为代表的教育与培养模式，是国家框架体系下以产业为推动力，政府、行业、学校相结合，以学生为中心进行灵活办学的、与中学和大学进行有效衔接的、相对独立的、多层次的综合性人才培养模式。

3. "双元制"模式

德国发展"双元制"职业教育模式的特点是受教育者在职业学校学习文化和基础技术理论，在企业接受职业技能训练。学校与企业分工协作，以企业为主，以培养熟练的专业技术工人为目标，形成"企业-职校-学生-产品"之间的良性循环，为"德国制造"这一经久不衰的世界品牌奠定了坚实基础。

4. 企业—职业教育契约模式

这种模式的特点是企业向学生提供职业训练，企业的技术人员和教育专家到学校指导学生学习和实习，完成"协定"提出的目标。该模式不仅加强了对学生的严格管理，还提高了教学与实习质量。这种模式兴盛于 20 世纪 80、90 年代的美国，形成了合作教育、合同制教育、职业实习、服务实习、注册学徒等校企合作模式，其中以合作教育影响最大，成效最显著。

（二）国内实训基地建设

我国的职业教育实训基地建设还处于发展阶段。从企业参与的方式上来看,值得借鉴的高职教育实训基地建设的模式归纳起来主要有以下三种。

1. 实训基地企业配合模式

在这种模式中,企业处于"配合"的辅助地位,它只是根据学校提出的要求,提供相应的软硬件条件帮助完成部分的培养任务,而人才培养目标和人才培养方案主要由学校提出和制订,学校承担大部分培养任务。

2. 实训基地企业实体模式

在这种模式中,积极参与高职教育人才培养成为企业的一部分工作,成为企业分内之事,企业对学校的参与是全方位的和深层次的,管理上实行一体化协调管理。例如,以设备、场地、技术、师资、资金等多种形式向高职院校注入"股份",进行实训基地建设合作办学,以主人的身份直接参与办学过程和学校人才培养过程。

3. 实训基地校企合作模式

这种模式在高职人才培养过程中实行校企联合,合作培养,实现共赢。企业不仅参与研究和制定培养目标、教学方案、教学内容和培养方式,而且还参与实施与企业部门密切结合的实践教学部分的培养任务。

第二节　"小专业""集团化"实训基地建设的构想

产教融合实训基地是教学的重要载体,是专业建设的重要依托。在"一对多"校企合作联盟建设的实践过程中,出现了如何扎实推进实训基地建设,使其更好地提升学生专业实践能力的问题。因此,专业在"一对多"校企联盟建设的基础上提出了以"小专业""集团化"的理念进行实训基地建设的思路,进一步提升了校企合作水平和培养人才的能力。

一、政策层面的思考

《关于加快发展现代职业教育的决定》(国发〔2014〕19号)指出:充分发挥市场机制作用,引导社会力量参与办学,扩大优质教育资源,激发学校发展活力,促进职业教育与社会需求紧密对接。《决定》强调职业教育要充分发挥市场作用,用市场的力量来办学,这应是一个灵活的办学体制,并与社会需求紧密衔接。专业"一对多"校企联盟的建设就是在遵循市场规律的基础上发展起来的。

《决定》指出:推动专业设置与产业需求对接、课程内容与职业标准对接、教学过程与生产过程对接、毕业证书与职业资格证书对接和职业教育与终身学习对接，重点提高青年就业能力。《决定》将之前的职业教育"四对接"要求上升到"五对接"要求，增加了职业教育与终身学习对接，这显示出对职业教育的更高标准要求：一是职业教育要为企业员工培训服务；二是职业教育要有一定的系统性，为学生终生学习打基础。"对接"说到底就是与市场需求对接，紧紧围绕市场解决教育就业问题，这是职业教育核心问题。事实证明，一些发达国家在金融危机中没有倒下的一个重要经验就是他们的教育结构非常符合他们的产业结构，对接得很紧密。而失业率比较高的国家是因为教育结构出了问题，即和产业结构产生了差距，不对接。

《决定》指出：突出职业院校办学特色，强化校企协同育人。专科高等职业院校要密切产学研合作，培养服务区域发展的技术技能人才。现代职业教育体系培养的人叫技术技能型人才，技能以技术为基础，技术技能型人才分为三类，第一类是工程师，第二类是高级技工，第三类是高素质劳动者，职业教育的定位就是为生产一线培养以技术为基础的技能型人才。防火管理专业培养的人才主要是第二类高级技工，经过努力，部分高级技工也可成为工程师或专业管理人员。

《决定》还指出：深化产教融合，鼓励行业和企业举办或参与举办职业教育，发挥企业办学的主体作用。探索组建覆盖全产业链的职业教育集团，发挥职业教育集团在促进教育链和产业链有机融合中的重要作用。坚持校企合作、工学结合，强化教学、学习、实训相融合的教育教学活动。《决定》要求高职教育的定位要淡化学科、强化专业，才能以市场机制作用为引导，企业将会参与到职业教育中来，开展产教融合、校企合作、工学结合职业教育活动，多样化的"集团化"建设模式也会随即产生。职业教育离不开企业，办好职业教育更需要企业的积极参与，同时职业教育也能给企业发展带来新的活力。

2015年8月，教育部发布了《关于开展现代学徒制试点工作的意见》(教职成〔2014〕9号)指出：深化产教融合、校企合作，进一步完善校企合作育人机制，创新技术技能人才培养模式。《意见》继续要求：创新人才培养模式是国家一以贯之的要求，职业教育人才培养模式要符合市场需求的结构要求，我们的课堂、教材、教学方法、教师都要紧紧围绕市场来释放。这需要职业教育人士走进企业，认识市场引导作用，不断调整职业教育内容和方式，满足企业需求。

《意见》指出：建立现代学徒制是职业教育主动服务当前经济社会发展要求，是深化产教融合、校企合作，推进工学结合、知行合一的有效途径。以形成校企分工合作、协同育人、共同发展的长效机制为着力点。要坚持校企双主体育人、学校教师和企业师傅双导师教学，明确学徒的企业员工和职业院校学生双重身份，签好学生与企业、学校与企业两个合同，形成学校和企业联合招生、联合培养、一体化育人的长效机制。工学结合人才培养模式改革是现代学徒制试点的核心内容。校企应签订合作协议，职业院校承担系统的专业知识学习和技能训练;企业通过师傅带徒形式,依据培养方案进行岗位技能训练,真正实现校企一体化育人。现代学徒制的教学任务必须由学校教师和企业师傅共同承担,形成双导师制。

《决定》强调高等职业教育必须与企业融合来办,这样才有可能办好,办出企业要求的职业教育,现代学徒制的实现必须在校企合作、工学结合的环境中完成,是培养高质量人才必须有的教育教学环节,是职业教育的一种具体要求,也是社会发展到一定阶段的客观要求。要想达到职业教育的要求,就要充分发挥学校和企业两个主体的育人作用,要充分发挥教师和师傅两个传授知识者的主要作用,要建立起校企合作、共同发展的有效保障机制,以培养知行合一高质量技术技能人才。

二、基于教育链的思考

对于专业服务是"小"的领域,学生工作是"小"的公司,而且每一家公司对人才的需求量也是"小"的专业教育来说,如何组织并实施好学生的顶岗实习教育教学活动,就摆在专业建设过程中不可回避的问题,需加以思考,寻找破解之道。如果突破这一教育教学环节存在的问题,专业建设就会出现新的发展前景,否则难以体现高职教育的职业性、实践性和开放性,专业建设将停止不前。因此,对防火管理专业建设的现实状况进行分析,"一对多"校企合作联盟还存在紧密度不够的问题,主要表现在学生顶岗实习的实训环节上。于是,专业团队集思广益,并与企业人员积极沟通,共同探讨解决问题的途径。经多次研讨交流,专业团队和企业人员提出"集团化"的概念来统筹学生实训基地建设,并以此开展实训教育教学活动,化解由联盟组织起来的"大企业"存在的松散现象。众所周知,"集团化"是具有很高紧密度的企业组织形式,怎样才能更好地建立防火管理专业的"集团化"有效机制呢?首先,确定专业建设中"理论研究为先导"的思路,以校企合作联盟"集团化"实训基地建设为课题,并作为研究项目,突破理论上的束缚。然后,将研究的理论成果第一时间转化到专业建设中去,加快推进专业实训基地建设目标的实现,提高专业人才培养质量的效率,进一步提升专业服务社会能力水平。同时,实训基地建设还能为专业学生毕业、就业提供便捷途径,有效避免了学生就业时,对企业环境了解不透彻的问题。

以"一对多"校企合作联盟为平台,类似"集团"的方式实现更高质量的人才培养问题,做好校外实训基地的建设工作是重要一环。实训基地建设的初始想法是走出一条校企合作的新路,形成一种依托企业集合体实现学生顶岗实习的更有效机制。从多年的工学结合、校企合作实践过程来看,传统的校企合作共同培养人才的模式,以及依托企业建立的校外实训基地出现了一系列不够协同的机制问题。这样,在校企合作的实训基地建设过程中,学校本着育人的原则,希望与企业更好的合作,渴望企业为学校的实践教学提供实践基地,通过实践教学更好地实现工学结合,也更快地将学生的理论认识转化为实践能力,为企业培养人才提供更加快捷的途径。"一对多"校企合作联盟新模式较好地破解了企业不积极的现象,但还不够深入,尤其在为学生提供顶岗实习环境上还存在差距,为了更好地破解这一现象,需要新的基地建设模式化解。因此,"小专业""集团化"实训基地建设的模式浮现出来,"小专业""集团化"实训基地建设是对"一对多"校企合作联盟建设的细化和升华,校企合作联盟建设涵盖了实训基地建设内涵。

"小专业""集团化"实训基地的建设要继续遵循校企合作联盟基本原则:自愿平等、互惠共赢,尽最大可能发挥学校和企业两个主体在高等职业教育过程中各自不可替代的作用。新理念实现的基本思路:按照高职教育规律和市场引导作用,运用科学系统分析方法对学校、企业、学生三者关系进行深入分析,在"一对多"校企联盟建设成果的基础上,制定"集团化"实训基地建设标准和操作规则,完善人才培养方案和动态式"订单"操作流程,通过"小专业""集团化"实训基地建设,进一步体现出职业教育的实践性、开放性和职业性,形成可以推广的基于"集团化"实训基地建设有效人才培养模式。

三、基于产业链的思考

之前,联盟合作的着力点放在了校企之间往来交流和学生顶岗实习活动安排上,只注重联盟企业承诺的在学生顶岗实习期间,按照企业正式员工的基本待遇对待学生,校企联盟的产教融合、校企合作还不够深,学生顶岗实习标准化程度还不够高,校企联盟作用发挥的空间还不够大等。

从联盟形式上看,当时联盟的"大企业"还是一个较为松散的联合体,只是在就业中发挥了重要作用,缺少紧密联系的相互关系,没有把校企联盟中的所有企业看成一个紧密的实体——"集团",使之"集团化"。如果有了"集团化",就有了天然的紧密关系,使产教融合、校企合作、工学结合更有可能向纵深发展。这就需要从理论研究入手突破思想束缚,建立新思维,创新新理论,支撑起更好的校企合作机制。于是,"小专业""集团化"实训基地建设的新理念就被提出了,并进行理论研究与实践。其目的就是想让产教融合更好地融合起来,校企合作更好地丰富起来,工学结合更好地紧密起来,把动态式"订单"人才培养模式做得更好些。联盟是企业自愿参与校企合作的企业集合体,"集团化"是在联盟基础上的提升,它在市场作用下,充分遵循高职教育基本规律所创建的实训基地建设的一种新形态,是紧密围绕市场为学生顶岗实习提供更为有效的一种机制,突显"岗位主导、能力本位、学做结合",以培养高质量技术技能型人才,并逐步向具有工匠精神的人才培养方向拓展。

从顶岗实习上看,以校企联盟模式构建的校企合作平台,安排学生到生产一线实习实训,接受实践锻炼,收到较好效果的同时,还存在没有体现在相互协同管理和考核认定的差距,没有较好地体现顶岗实习的实训内容和实训进程的相应标准的设定,没有较好地体现现代学徒制的师徒关系以及顶岗实习阶段的科学统筹不够等方面的问题。这也正是在专业建设中一直思考的问题,要找出更为深层次的矛盾和内在原因,经由表及里深入分析认为,校企联盟建设的着重点是构建共赢的合作平台,学校的目的是能较好地安排学生到企业进行顶岗实习,企业的目的是从顶岗实习的学生中获得合格的员工。因此,校企联盟的顶岗实习具有表面性,难以承载顶岗实习过程的全部要求,也就是实训基地开发建设还不够到位,在实训基地建设方面还缺少更深的理论支撑,需要进一步探索。同时,要充分考虑企业在发展过程中是以市场利益最大化为根本,有时不愿意参与到校企合作的育人过程中,"只希望学校为其培养人才"的声音时而出现。

四、基于校企联盟建设基础的思考

(一)校企协同机制

"一对多"校企合作联盟建设已经有了一定协同机制的运作基础,相互间合作比较顺畅,遇到问题能够相互协调,共同解决。如果以新的理念进行建设,还需创新合作方式,继续完善协同育人机制。第一,要更加紧密围绕市场进行"集团化"实训基地建设工作,开展学生顶岗实习教育教学活动,且要站在企业的角度思考建设;第二,要继续坚持遵循高等职业教育发展规律,深入研究制定"集团化"实训基地建设的协调协同机制;第三,要继续坚持实训基地建设与运行,使学校和企业两个要素不可替代的作用发挥到最佳;第四,要继续坚持自愿平等、互惠共赢的基本原则,承担各自义务。

(二)合作运行规则

在"一对多"校企合作联盟建设中,学校和企业召开了"小专业""大集团"校企合作工作会议,会议研讨、审议并通过校企合作联盟章程,确定了联盟基本运行规则和方式,肯定了"小专业""集团化"建立实训基地的理念,为"集团化"建设奠定了基础。进而,需要在联盟合作运行和发展中规范学生顶岗实习实训基地建设标准,进一步完善顶岗实习操作流程,进一步完善协同管理办法,以及师徒关系和考核方式方法等。同时,对联盟管理运行机构的秘书处和人才培养工作委员会进行调整,共同在"集团化"层面上深入探索学生实践教学规律。

(三)动态式"订单"培养

在"一对多"校企合作联盟的建设中形成的动态式"订单"培养模式,较好地解决了企业需要人时招不到人,学生毕业后找不到合适工作的基本就业问题。但在实践中还会出现企业用人岗位数与学生就业人数之间供求关系不够平衡的现象,主要体现在有的企业没有将人才需求纳入培养计划,当需要人才时就按照一般操作情况,到学校招聘毕业生,结果没招着,企业高兴而来,扫兴而归。但校企双方也都有意外的收获,一是这些企业愿意以联盟形式进行校企合作,以"集团化"建设实训基地且积极性很高;二是人才培养工作委员会需要进一步完善"集团化"的动态式"订单"培养方案及操作流程。

(四)人才培养规律认识

"一对多"校企合作联盟建设已考虑了企业的市场作用和学校的教育规律培养人才的要求,两个主体的作用得到发挥,培养的人才质量有了较大提升,基本上找到了人才培养的基本规律。如果按照"小专业""集团化"实训基地建设模式,一是学生的企业教育培养过程可更充分融入企业元素,实践性、开放性和职业性的特点会更加突显,市场的引导作用影响更大;二是学生在企业实践教学更科学、更深入,企业作为人才需求方参与更为积极和具体,企业提供了相应条件和指导人员,更有利于学生成长;三是学生在实训基地顶岗实习能获得师傅的及时指导,可在真实的工程项目环境中增长才干,到就业时,企业还能提供工作岗位供学生选择,进而对育人机制和培养规律会得到更深入的认识。也就是说,职业教育不能只遵从教育规律、认知规律,还要遵循职业发展、职业成长的规律;不能用传统的普通教育的规范、标准来判定和确认职业教育的学历、层次及其价值[①]。

第三节 "小专业""集团化"实训基地建设新理论与实践

"小专业""集团化"实训基地建设的基础是"一对多"校企合作联盟,是对产教融合、校企合作、工学结合的又一次深化。早在 2012 年 5 月召开的"防火管理专业(工程技术方向)'小专业''大集团'校企合作研讨会"上,与会专家就对基于"小专业""集团化"的概念给予了一致的肯定,它将有利于校企合作的深入开展,可有效形成校企"合作发展、合作育人、合作办学、合作就业"的职业教育机制,从而更深入地构建校企"双主体"育人平台。实践的落脚点放在"大企业"向"集团化"演化,实践的理念是基于"集团化",实践的内容是"集团化"校企合作再构建,并使之向校企一体化育人具有匠型人才特征培养的方向发展。

一、实训基地建设新理论

(一)新理念的提出

任何一项改革,理念是先导,没有正确的理念指导,就难以取得理想的效果。"一对多"校企合作联盟的新模式,解决的是一个小专业怎能有一个"大企业"进行顶岗实

---

① 姜大源.构建现代职业教育体系的三个基本问题[N].中国教育报.2011-3-8(9).

习和基本就业的问题。随着专业建设的深入,以及联盟运行过程中发现联盟"大企业"有所表面化和松散化,校企间、企业间联系不够紧密,缺少"集团"性质的运行机制,尤其学生到企业顶岗实习,实训基地建设开发还不够深入,不易解决学生顶岗实习中出现的新问题,需要在理论上给予很好的诠释,或者说在校企联盟建设中需进一步深入研究并给予解答,于是提出了"小专业""集团化"实训基地建设的新理念,进行理论创新并指导专业建设。

"小专业""集团化"建设实训基地理念是在"一对多"校企合作联盟实践中不断探索迭代之后产生的,并把"一对多"的"大企业"形式提升为诸多家消防工程和管理类企业组成的"集团化"形式,以"知行合一、工学结合"教育教学的深刻认知,深化企业实训基地"真实职场"育人理念,形成"校企深度合作、生产型实践教学"人才培养模式。新理念可进一步明晰企业为学生提供实习实训基地的建设标准和条件要求,更好地履行实践教学任务的责任,更好地实现学生到生产一线顶岗实习的教学目的。学生还会从新型的师徒关系中更好地获得职业能力,实现校内专业学习和校外顶岗实习两个教学环节的无缝衔接。以"集团化"形成的顶岗实习环境,可更好地开展顶岗实习教育教学活动,彻底解决了小企业用人少、用人难的问题。

(二) 新理论的创建

有了新理念不一定会形成新理论。新理念是创建新理论的基础,新理论还需要在实践中检验和完善。在校企联盟建设成果的基础上,逐步发现校企联盟的产教融合、校企合作、工学结合还不够深,学生顶岗实习标准化程度不够高,造成学生实践教学活动差异较大,操作起来不够规范等问题。"小专业""集团化"实训基地建设是遵循高职教育规律和市场引导作用把二者更有效地统一起来,使"教育链"和"产业链"的利益最佳化,从而进行实训基地建设的理论研究与实践研究。理论与实践研究的内容包括:实训基地建设标准、顶岗实习实训项目、实训进程、现代学徒制的师徒关系、相互协同管理和考核认定等。"小专业""集团化"实训基地建设是在校企联盟运行过程中,针对学生顶岗实习环节提出的建设问题。新理论与实践强调的是"集团化"实训基地建设内涵和实训基地操作规范,是对学生顶岗实习教育教学活动一种新的探索,建设支撑力很强的实训基地是一种新的育人模式。新理论的提出源于问题的解决,探索是创新的过程,而创新又是专业建设可持续发展的动力源泉。

众所周知,高等职业教育是要通过学校和企业两个重要主体的通力合作,才能较好地实现人才培养目标,在教育教学过程中,学校又是人才培养最为重要的责任方。在建设中,学校要把握好高等职业教育的主导权和主动权,以服务为宗旨,以就业为导向,以培养高质量技术技能人才为根本方向,创新教育教学新方式,不断丰富新理论内涵,指导教育教学活动,使新理论释放出专业教育教学实践新情境。理论的核心要义是使产教融合、校企合作升华到一体化育人层面,目的是解决学生的"知与行"、企业的

"人与用"、专业的"融与建"问题，以及学校与企业"责与利"的问题。

二、实训基地"教育链"建设标准

"小专业""集团化"实训基地建设实践，有效体现在人才培养方案及落实上。专业办得好的都是对高职教育的职业性、实践性、开放性认识得比较透彻，然后将其融入人才培养方案之中的学校。在实践中，学校每年邀请联盟企业人员参与修订专业人才培养方案，然后请专家审订。这次修订的重点是放在学生顶岗实习与"集团"企业怎样更好地衔接，怎样更好地实训，以及怎样更好地管理学生上，并且要结合企业实际提高人才培养方案的可实施性。

（一）顶岗实习组织实施

1. 顶岗实习目的

结合专业人才培养方案中岗位群，就消防安全管理岗位、消防系统维护及检测岗位、消防工程施工岗位进行校外顶岗实习。通过顶岗实习教育教学环节，在企业师傅及学校教师共同指导下，将理论知识在实践中进行应用，在实习实训中锻炼和提高，达到学以致用、知行合一的目的，实现培养适应企业消防管理、消防工程一线需求的技术技能人才的目标。

2. 顶岗实习要求

顶岗实习学生要遵守实习企业的各项规章制度及安全生产各项章程；尊重企业师傅及其他员工；按要求积极与校内指导教师联系；虚心学习、踏实实训，将理论知识应用到实践中；严格执行安全技术操作规程，听从学校指导教师与企业师傅的双重指导。

3. 顶岗实习方式

顶岗实习由学校统一联系实习企业和学生（家长同意）自主实习相结合的方式进行。学校在专业第四学期教学周第10周将"集团化"企业请到学校，在校内举办专场招聘会，企业、学生根据情况进行双向选择，有意向的学生修完学校课程，交完相应的保险后进入企业开始顶岗实习。在顶岗实习期间，学校对学生进行全程管理，解决学生实习过程中的各种问题。而学生实习薪水则由企业直接发放到学生手中。

4. 顶岗实习组织领导

按照学校顶岗实习要求，成立防火管理专业（工程技术方向）顶岗实习领导小组。
组长：系主任。
副组长：专业教研室主任。
成员：教研室教师、各实习企业指导师傅、学生辅导员。
组长负责学生顶岗实习教育教学活动的领导和管理工作；副组长负责联系、落实

"集团化"企业进行所有学生顶岗实习安排、制订顶岗实习计划等要求的具体工作；成员负责具体指导学生完成顶岗实习教学任务，做好学生安全教育工作。

（二）顶岗实习实训内容

1. 消防安全管理岗

掌握相关消防安全管理法律法规，组织宣传消防安全法规，制定安全应急预案，会使用消防应急及灭火各种设备，胜任日常消防安全监督管理工作。

2. 消防系统维护管理岗

掌握消防系统的组成及工作原理，掌握了解相关设备的性能要求，胜任消防系统的日常维护、管理、检测工作。

3. 消防工程施工岗

掌握国家消防工程施工规范，掌握消防工程的预算、制图以及现场施工技术，达到具有对施工现场综合管理的能力。

4. 自主顶岗实习

根据部分学生自主实习情况，按照不减少顶岗实习教育教学内容，制定其实习岗位任务要求，完成专业顶岗实习目标。

（三）顶岗实习实训进程

顶岗实习共分为三个阶段，第一阶段为习岗实习阶段，涵盖 16 个教学周，具体内容如表 4-1 所示。按照学校要求对其进行考核，这个阶段的主要考核工作由企业师傅和学校指导教师共同完成。

表 4-1　防火管理专业（工程技术方向）习岗实习进程表

周次	工作内容	周次	工作内容
1～2	认识实习岗位及内容	9～10	进入实习岗位，不断锻炼和提高
3～4	由企业师傅带领，简单了解实习项目流程	11～12	进入实习岗位，着重应用层面理论与实践相结合
5～6	由企业师傅带领了解实习项目内容	13～14	实习岗位系统总结理论知识，更好地应用
7～8	进入实习岗位，虚心学习，着重认识层面理论与实践相结合	15～16	总结实习岗位心得

完成第一阶段实习后，进入第二个阶段。在这个阶段，学生根据企业安排，在实际工作岗位上进行为期 16 个教学周的跟岗实习。具体内容如表 4-2 所示。

表 4-2　防火管理专业(工程技术方向)跟岗实习进程表

周次	工作内容	周次	工作内容
17～18	跟岗实习岗位安全教育及了解跟岗实习内容	25～26	在实习岗位,不断锻炼和提高
19～20	由企业师傅带领,进入跟岗实习岗位实习	27～28	在实习岗位,实现应用层面理论与实践相结合
21～22	企业师傅带领操作跟岗实习项目	29～30	在跟岗实习岗位上,总结消防系统理论知识的实践应用
23～24	在实习岗位,结合习岗学习内容,着重理解理论与实践相结合	31～32	总结跟岗实习心得

第三阶段是学生毕业前的顶岗实习阶段,约为 30 个教学周。其间,学生根据顶岗实习情况在相应的实习岗位,在师傅指导下开始承担明确的工作岗位责任。实训基地顶岗实习坚持以岗位为主导,以能力要求为核心,以学做结合为基础,以达到知行合一的目的。

(四)建立新型的师徒关系

高等职业教育的现代师徒制的学徒关系,可以说成是基于职业教育义务的利益相关者的关系。在国家层面的政策引领下,师徒关系已经成为现代学徒制的重要特征,也是推动现代学徒制或新型学徒制发展的力量。在现代学徒制中,导师不仅要承担学徒技能技艺的传授,还要肩负起学徒(学生)人文素养培养的任务。现代学徒制中的"师傅"被赋予了职业教育的功能和色彩,教育义务成为现代学徒制中新的师徒关系的纽带。学校教师与学生是职业教育义务下的师生关系,企业师傅与学徒(学生)是隐形契约下的师徒关系,在教育性特质基础上构建新型的现代学徒制师徒关系,对现代职业教育发展、学徒培养等均有深刻意义。在新型师徒关系下,"学徒的全面发展"成为现代学徒制师徒关系的核心,情感纽带在师徒关系中的回归,学生从"双导师"向"师徒关系"的转化,师徒之间从"师教徒学"到"师徒学习共同体"的方向构建,从"师德约束"到"多方监督"的要求转换,成为现代学徒制师徒关系发展的趋势。

(五)相互协同的管理方式

在顶岗实习期间,专业形成了专业教师、学生辅导员、企业师傅共同构建的"三位一体"的协同管理模式,即"思政导师、专业导师、企业导师"(三导师)全程参与学生顶岗实习教育教学活动。该模式以顶岗实习组织领导框架为基础,实行三导师制度,实现"一个组织、双向服务、三方受益"的管理目标。思政导师负责了解学生思想动态,解决思想问题,关心实习生活;专业导师根据岗位理论知识需求,负责学生专业知识传授、技术方法指导等业务教育,对学生进行理论知识再强化、再巩固;企业导师负责将学生在校学到的理论结合实际岗位在实践中进行应用,实现理论支撑实践,实践依赖理论的相互转化过程,以及职业精神养成的教育和企业文化的熏陶,指导学生解决技术难题,进而将学生培养成符合企业岗位需求的技术技能人才。三导师团结协作,落实立德树人根本任务。

(六) 共同考核的认定标准

基地企业要和学校建立学生顶岗实习信息通报制度。企业负责人和学生顶岗实习师傅共同负责学生在实习期间的业务指导和日常管理工作,定期检查并向学校通告学生顶岗实习情况,及时处理实习中出现的有关问题,并做好记录;实习企业根据学校要求,给学生做出阶段性和整体性的顶岗实习情况评价。

学校建立以提升育人效果为目标的顶岗实习考核评价制度。顶岗实习的考核结果记入顶岗实习学生学业成绩,考核结果由企业师傅和校内指导教师共同完成(各占50%),分为优秀、良好、合格和不合格四个等次,并载入学籍档案。实习考核不合格者,不予毕业。

学生进行顶岗实习应手续完备,材料齐全。具体包括:顶岗实习协议、顶岗实习计划、学生顶岗实习报告、学生顶岗实习考核结果、顶岗实习日志、顶岗实习检查记录、顶岗实习总结等。

三、实训基地"产业链"建设标准

(一) 企业认识上的要求

企业参与人才培养模式的改革。企业要有融入校企合作、工学合作的"2+1"办学模式的积极性,注重实施工学结合、任务驱动、项目导向等融合的"教、学、用、做"为一体的教学模式,主动参与动态式"订单"人才培养过程。

实习企业参与专业建设。行业企业重视发挥参与职业教育的作用,愿意参与专业建设,愿意运用"小专业""集团化"理论建设实训基地,愿意实现产学合作、资源共享、双赢互利、共同发展,建立由行业专家、企业专家和校内专家共同组建的专业教学指导委员会,形成有效专业办学机制;企业接纳教师开展实践教学活动,接收学生开展顶岗实习活动。

企业参与课程改革与建设。顶岗实习企业应积极参与课程和教学内容改革,实现课程内容与生产过程对接。专业经过不断实践,形成了由联盟核心企业参与的"123"核心课程体系特色建设。企业师傅要将核心课程内容与顶岗实习活动紧密结合起来,做到知行合一。企业参与课程建设和教材建设,紧跟行业发展。

(二) 企业行动上的要求

顶岗实训基地要有较完善的规章制度标准,基地要由专人管理,实现学校、企业、行业主管部门共同参与基地管理与建设。基地教育教学文件齐备,规章制度健全,实训教学安排科学、合理,设备管理制度、安全操作规程、相关工地规章管理制度健全,并能严格执行,有满足实践教学的实际项目。

(三)企业基地人员能力上的要求

实训基地均为消防工程施工企业和需求消防安全管理人员的企事业单位,在工程类企业中都具有国家一、二级消防工程施工资质,配有国家注册消防工程师、注册建造师或其他职业资格证书等,能够为顶岗实习学生提供良好的企业师傅群体。企业师傅理论知识扎实,现场施工、管理经验丰富,能为学生提供良好的再学习环境。同时,实习企业能够很好地指导学生在顶岗实习期间完成国家建构(筑)物消防员资格证书的考取工作。

企业能工巧匠、专家能够承担学校的专题讲座及部分实训课程,并支持这些技术人员到校实施相应的教学活动。

(四)企业基地硬件环境上的要求

实训基地的建筑面积及建设项目能满足顶岗实习要求,能够很好地将消防四大系统综合体现出来,现场设备均为符合国家行业标准的现代化设备,能够满足学生对新设备、新知识的渴望及需求,实现消防系统的综合应用演示或实际项目的开发环境。实训平台实景化,实践教学工程化。

四、实训基地建设实践

(一)基于"一对多"校企联盟建设的再实践

"集团化"基地建设是在校企合作联盟的基础上向纵深拓展的过程,联盟建设过程已将联盟企业看成一个"大企业"进行相应的产教融合、工学结合活动。新理论的实践是针对联盟合作中还存在产教融合不够深入、工学结合不够紧密的问题,而随之开展的"集团化"建设工作。

第一,突破思想束缚,把联盟合作的模式上升到"集团化"合作的新理论上来,以"集团"固有特性开展建设工作,将合作企业更有效地组织起来,使学生的顶岗实习更有序、更有效;第二,强化校企合作章程认识和落实工作,章程是"集团化"建设的灵魂,紧紧抓住章程做好落实工作,不断提高校企合作水平,构建校企命运共同体;第三,完善"集团化"运行机制,加强校企间的紧密度、依存度,提高校企合作运行中的质量和效率;第四,增强企业对专业的认知度,密切企业间联系,加大相互支持力度。"集团化"建设的目标是:若某个企业当年因某种情况不能接收学生顶岗实习,对学校来说,这种"集团化"的联合体始终保证学生顶岗实习所需岗位并处于更紧密的关系。在实践中,这种集合体中的每个企业都接收一部分学生,就可以将专业的全部学生接收,突显了"小专业""集团化"办学格局,以及合作带来的相互的"教育链"和"产业链"利益。

完善组织结构及运转方式。依托消防工程和管理企业建立的"集团化"企业群,该模式下的校企合作不仅是学校为多家企业培养人才的关系,还可以以学校为纽带,将

"集团化"企业群中的企业有机组织起来,展开信息沟通、技术交流、岗位培训、相互协作等工作,学校与各企业之间形成密切的合作关系,提高了高职教育为社会服务的能力。完善校企合作联盟委员会、合作章程,建立产教融合机制,明确校企的责任权利,加强专业建设指导委员会建设,共同修订专业人才培养方案,实现"双主体"育人良性互动,形成可持续的、长效的新型人才培养模式。

(二) 职业性、实践性、开放性建设再深化

小专业只依靠个别小企业松散地开展实训教学活动,是不易将职业教育的实践性、职业性惠及全部学生身上的,也很难体现出职业教育的开放性。如何使学生在学习期间就能获得实践性、开放性、职业性内容,是学校需要考虑的重要问题。回顾几年来的办学经验,教育教学团队经过几年的努力,以校企联盟为平台实现了实践性、职业性、开放性全面落实的教学要求,总结出了一套适合专业建设的教育教学模式,并在实践中得到验证。"小专业""集团化"实训基地建设又进一步提升了实践性、职业性、开放性的落实与深入探索。

"小专业""集团化"实训基地建设丰富了高职教育职业性内涵。职业性的获得需通过企业培养来实现,具有一定规模的企业办职业教育可较好地完成学生职业性的培养。"小专业""集团化"实训基地建设平台开展的顶岗实习活动使学生在相应规范规则下参与企业活动,直接接受企业工作任务和师傅的业务指导,职业精神和职业素养直接受到企业人员的影响,易获得职业素质。在顶岗实习期间,学生可以更好地、直接地参与消防施工项目,并在企业师傅的直接指导下,得到了生产一线的锻炼,使学生的职业性和实践性显得更为丰富和具体。

"小专业""集团化"实训基地建设显现了"集团化"的力量,使得专业办学过程有了类似于"集团"的强有力支持,具有了很强的开放性。因为学生的顶岗实习整个过程是在开放的环境下完成的,学生有很好的顶岗实习教育教学环境,其职业综合能力的培养得到了有效保障,培养目标更易于实现。职业教育的职业性、实践性、开放性的充分彰显,有效提升了"小专业""集团化"办学水平,学生的就业能力也有显著提升。

(三) 师徒关系内涵建设更丰富

"小专业""集团化"实训基地建设,呈现了"现代学徒制"师徒关系的共性。2014年,国务院印发了《关于加强发展现代职业教育的决定》,同年,教育部发布了《关于开展现代学徒制试点工作的意见》,两者都将"现代学徒制"作为职业教育改革的重要内容。基地师徒关系的"现代性"建设,体现在顶岗实习期间学生具有双重身份,既是学校的学生,又是企业员工,企业师傅既要承担学徒技能技艺的传授,又要肩负起对学徒人文素养的培育。实训基地的教育义务成了连接师徒关系的纽带,在专业技能传授和培养上呈现学校老师和企业师傅"双导师"形式。

在教学内容上的建设。基地的教学内容相对于校内理论教学更具有针对性,企业师傅还能根据学生的个性将消防系统或消防管理事项分为不同的模块,进行分模块项

目教学,并到工程建设项目现场教学,把实际操作知识传授给学生,使学生获取专业技能的针对性、实效性更强。

在合作关系上的建设。在顶岗实习期间,教育者主要由院校教师和企业师傅共同组成,师徒关系是推进现代学徒制的关键因素,师徒关系是技能传统培训的延续,并不是传统学徒制形式的回归,是对传统学徒制和现代职业教育的重新组合。企业师傅与专职教师的合作体现在育人模式上,同一模块的知识,专职教师着重讲授理论知识,企业师傅重点传授操作技能。实训基地非常注重职业能力和职业素质的培养,师徒关系不能够流于形式,而要发挥实质性的作用,学生必须要在师傅的指导下完成校内无法实现的教学实践任务,如消防行业一线最新的材料认知、设备与系统性能、职业技术技能,以及处理消防应急事件的经验等。

在情感维系上的建设。相对于普通教育,职业教育的就业导向更明确,专业人才的流向预设有固定的职业定位,深度校企合作的目标便是实现"毕业即就业"。师徒关系确立的前提是教育者(学校、企业)与受教育者之间达成一种默契,即受教育者在毕业之后成为企业员工的可能性较大,对于准员工的教育是师徒关系确立的隐性契约。从这种师徒关系情感维系的契约精神出发,基地师徒关系为毕业生就业提供了保障,这也正是防火管理专业(工程技术方向)学生经过顶岗实习实践教学环节后被基地企业大量择优录用的原因。

基于良好的基地师徒关系建设,师傅的传帮带具有现代学徒制的特征。专业培养的学生在企业成为骨干力量后,又能够反哺学校,将"现代师徒关系"的薪火相传,再为学校、企业续集新人。

(四) 相互协同管理建设更完善

"三位一体"的有效管理,使得校企协同管理又上一个新台阶。校企有效协同创建的人才共同培养、成果共同享有的校企合作利益体,呈现合作办学、合作育人、合作就业、合作发展的"集团化"人才培养模式。学校以落实"五对接"为具体内容,解决了专业校外实训基地建设问题,联盟体内的企业均可为学生顶岗实习提供校外实训基地;企业是以及时得到高质量人才为目的,学生在企业实训基地进行为期一年的顶岗实习,也较好地解决了企业需要人才时能及时补充的需求。实训基地建设使企业随时参与到人才培养的过程中,企业和学校各自承担学生不同时期的教学和管理责任,相互配合、相互协调。因此,"小专业""集团化"实训基地建设有别于目前学校依靠非市场化的协调各行业企业建立的实训基地模式。基地建设成果主要体现在校企的协同管理上和管理目标的实现上,学校可预知专业办学的规模、教学内容、就业的基本信息,避免了高职教育的盲目性;企业能预知学校培养人才的规格,为企业稳定发展在人才需求方面提供了有力支撑,使企业愿意为学生提供顶岗实习岗位,也为就业提供了强有力保障。

（五）共同考核认同建设更实际

"集团化"实训基地考核认同，在专业建设指导委员会指导下，完善了原有的顶岗实习初期的考核体系。

建立实践基地管理体系。基地管理体系在基地考核认同建设上起到了积极作用，在管理的过程中不断吸取经验，引进新的管理方法。首先，学校和基地通过校企联合会议，完善基地联盟协议，对实训基地进行有效的规划和指导；其次，根据基地的建设目标和企业特点，完善相应的管理规定；最后，根据这些规定，加强校企联合办学的力度，建设具有丰富经验的校内外师资队伍，提升基地的使用效能。通过对基地的良好建设，使动态式"订单"人才培养模式更好地实现。同时，通过校企联盟会议等形式，加强对校外实践基地的宣传，提高认识，以此让企业在思想上认同实践基地的建设。

深化学生考评体系。在基地考核体系建设过程中，通过与顶岗实习企业深入沟通，了解学生顶岗实习状况，发现专业原有考核方法存在不详细现象，因此进一步完善了学生考评体系。例如，制定具有专业特色的顶岗实习手册，让学生在顶岗实习期间具体岗位职责、理论知识与实践的应用、与企业师傅沟通心得等内容都有所呈现，手册在顶岗实习伊始就发放给学生，规避了电子版手册不够直观、易遗漏的问题。在手册中，对指导教师也提出了更细、更高的要求，要求指导教师定期对学生进行指导，时间上有了更明确的界定，对于企业师傅同样也要定期进行指导点评，学校教师要关注企业师傅的点评，及时调整指导方案。这些要求能及时、有效地时时关注学生的顶岗实习状态，大大提高了实践教学的效果。

强化考评体系意义。顶岗实习作为职业教育教学环节中不可或缺的部分，学校制定制度，学生如果不能按照考评体系要求完成顶岗实习环节任务，不予以毕业。制度的出台，使学生从思想上提高了对顶岗实习的认识，从行动上严格要求自己按照考评体系要求进行实训。整个专业学习实训过程考核及评价结构图。如图4-3所示。

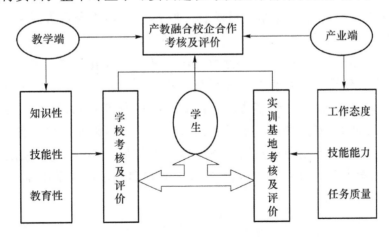

图 4-3 专业学习实训过程考核及评价结构图

（六）校企共同育人建设更深入

基地共同育人建设主要体现在两个主体都能发挥其作用，具体体现在动态式"订单"人才培养模式的完善上。动态式"订单"人才培养的概念是在"一对多"校企合作联盟建设中提出的，通过"小专业""集团化"实训基地建设研究，更加丰富了动态式"订单"人才培养的内涵。"大企业"向"集团化"的演变和进一步完善的动态式"订单"人才培养模式，使"集团"企业可根据当年人才需求情况吸收毕业学生，企业间吸收的学生量呈现出更为科学的互补状态，学校和企业都能得到最佳的资源配置。在实践中总结出两个特点：一是"集团化"中的企业对专业人才培养所需知识的共性较为一致，只需作适当调整就能满足企业要求，这为"订单"培养提供了教学实施的条件，为共同育人奠定了基础；二是这些企业的任一企业或几家企业都无法承担学校培养人才的全面接收，通过动态式"订单"方式，实现了校企的紧密结合，工学结合更有利于学生锻炼成长。这种方式执行得越好，育人的效果就越突出，学校、企业彼此的合作就越有动力，共同愿望就更加趋于一致。除此之外，校企共同育人还体现在顶岗实习计划落实、学校老师与企业师傅的配合、企业师傅手把手传帮带、专业教师的指导、校企共同考核认同上等。

"小专业""集团化"实训基地平台建设，是探索实训基地建设的一种方式及实现的途径，促进学生更好地获得实践能力的培养方式，这一平台使"课程、基地、实践"三者更为有效地统一起来，大大提升了学生的职业实践能力和社会适应能力，解决了高职教育中顶岗实习以及更为重要的就业问题。实训基地建设最突出的特点是把原来束缚双方的枷锁打开，充分表达各自愿望，实现了"双主体"育人良性互动，建立了"共建、共管、共育、共赢、共评"合作机制，进而达到了企业满意、学生满意、家长满意、学校满意的人才培养效果。

"小专业""集团化"建设基本实现了职业教育集团化办学的指标体系要求，构建职业教育集团化办学指标主要有办学组织、办学行为、办学机制和办学效益四个方面。办学组织是指实施职业教育集团化办学的组织机构，是实施办学的组织基础，建立了"一对多"校企合作联盟及章程；办学行为是职业教育集团化办学的核心内容，体现办学主要任务，专业建设强调教育教学过程与企业要求对接，注重人才规格和职业素质培养；办学机制是决定这一办学模式能否高效运行的制度基础，是推动集团化办学可持续发展的内在动力，专业形成了基于实训基地校企一体化育人共识建起的管理制度和评价体系；办学效益是指通过集团化办学对教育发展、经济及社会发展能做出的贡献，是集团化办学水平的重要外在标志，专业人才培养质量得到企业高度认可且"供不应求"①。

---

① 高鸿等.算不算集团化办学怎样来判定［N］.中国教育报.2013-2-27（5）.

第四节　新理论新实践建设效果

"小专业""集团化"实训基地建设使教育主体与用人主体两个方面的活动都得到了更好地发挥和体现,且使产教更充分的融合,校企合作更为密切,工学结合更为紧密,基地建设避免了一般校企合作常出现的问题。实现了"学校＋企业"情境育人、"师傅＋教师"双师教学、"学生＋学徒"角色融合、"线上＋线下"全程管理、"技能＋素养"并重培养[①]。

一、培养出高质量人才

高等职业教育培养人才是需要时间周期的,需要在教学中持续对知识的传授,需要按照知识层次展开,不等同于企业需要立竿见影的培训方式,也就是说学校教育不是专项的培训训练。因此,在教育教学过程中,要按照知识的系统性、传授性、验证性、有用性,通过学校的有效组织实施,根据学生专业学习特点进行和完成培养目标要求的教学任务,努力达到学生经过顶岗实习的进一步实践后适应企业需求,这既满足企业岗位能力要求,又能为今后工作打下继续学习能力。而培训是短期的,最重要的目的是为岗位的现实要求服务,培训往往对工作过程中需要的学习能力培养不够而缺乏后劲。顶岗实习是教育链中的重要一环,体现专业知识全面、系统的验证和应用过程,在某种程度上决定学生的人生走向,学校企业倍加重视实训基地建设。

实训基地建设之所以更能适应企业需求,是因为遵循了市场引导作用。企业是市场的主体,其一切活动都体现市场作用的影响,企业需要人才,且是企业活动重要组成部分。企业的发展关键在人才,而人才来源主要有两个渠道,一是市场选配,二是从学校毕业生中补充。但就学校提供给企业人才方面,学校如何培养以及怎样培养学生一直是教育的命题,学校不仅要搞好教学质量,还要使学生适应市场。企业有选择学生的权利,学生也有选择企业的权利,进而学校培养的人才要在双方共同的利益基础上,寻找合作点,最终形成利益共同体。为实现各自利益满足社会需求,学校搭建企业和学生双方利益平台,这个平台既能给学生提供完整的高等职业教育过程,又能给企业提供人才的需求。"小专业""集团化"实训基地建设证明了它能有效解决高等职业教育的内在要求问题和企业迫切需要适应岗位人才的要求问题。

"小专业""集团化"实训基地建设使合作方能共享合作成果。从学校角度来说,为学生就业提供了通道;从企业角度来说,解决了企业需求;从学生角度来说,解决了学

---

① 唐山工业职业技术学院.多元合作共育机电行业杰出工匠[N].中国教育报.2019-1-18(3).

生就业；从学校角度来说，按教育规律办好学了，实训基地建设使这四者得到较好的相互认同和相互统一，即展现各自的利益诉求，又使之共同认可实训基地建设模式，形成了企业支持教育，教育为企业服务的局面，培养高质量的人才使学生、企业、学校三方共赢。也就是说，"小专业""集团化"实训基地建设提供的教育教学环境对于三方是合适，彼此之间寻找到了相互认同的合作契合点，使得专业教育教学的效果和目的最佳。

二、人才具有匠型特征

匠型人才的显著特征是有"一技之长"和敬业精神。新理论实践塑造了专业匠型人才的基本特质：一是通过校内消防工程概预算实训室、消防工程绘图实训室、安全防范实训室、综合布线实训室、物联网应用实训室为学生学习提供了硬件环境；同时，学校聘请企业师傅到学校与校内专职教师共同完成校内实训教学，增强了学生实践认知能力。二是建立了40多家企业组成的基于"小专业""集团化"校外实训基地，为学生到企业进行带薪顶岗实习提供了条件，这一过程是以企业师傅为主，专业教师也走出学校，走到企业，与企业师傅一起完成校外实践教学任务，呈现企业师傅、校内专职教师共同育人的局面。校内外双机制的实习实训实践教学培养了学生的爱岗敬业和职业精神，大部分学生具备了"一技之长"的能力，初显匠型人才的基本特征。职业教育肩负着为社会培养技术技能人才的重任，将工匠精神融入职业教育的人才培养中，也是职业教育符合国情之需求。

经过几年的专业建设，其理论研究和实践探索不断得到完善，使得专业有了"集团化"双主体的一体化育人的态势，很好地达到了人才培养目标的要求，具备了培养"匠型"人才的校内外培养环境和条件。随着社会的高速发展，现代职业教育也在不断地变化，我国的职业教育正处于历史上最好的发展时期，通过采取科学、有效的资源配置，寻求更佳的教育办学模式，推动高职教育健康发展。

三、更凸显双主体办学

现代职业教育突出的是双主体办学，即学校和企业共同办学，这使高职教育的职业性、实践性、开放性方面的教学体现得更加鲜明。大多数企业还没有充分认识到高职教育需要其与学校深度合作，来为学生提供恰当的实训教育教学环境，以规避当前企业普遍指责学校培养人才不好用的现象。也就是说，高职教育需要企业积极参与才能为企业培养需要的人才。

"小专业""集团化"实训基地建设凸显高职教育实践性、职业性和开放性的现代职业教育特征。一是企业作为人才需求方积极参与了学校的人才培养方案的制定，从方案制定到实施，企业全程参与，符合职业教育的开放性；二是教育教学共同实施，教材共同编写，使学校的教学内容具有职业性的特点。在实施上，由学校教师和企业师傅共同承担,形成双导师制,学生在校进行两年的理论学习时,不仅有学校的专职教师授课,企业技术人员也会走进课堂,对实训教学中的项目教学进行指导,不断融入实践性内容,使企业成为教学过程中的另一个主体;三是校企双主体育人、学校教师和企业师傅双导师教学,明确顶岗实习学生是企业员工和职业院校学生双重身份,在学生参与到企业顶岗实习前,根据要求将签订学生与企业、学校与企业两份合同,具有"顶岗即招工、校企联合培养"的形态;四是根据专业特点,因材施教,探索了新的培养形式,形成自身发展特色。实训基地的建设与实践有效体现了校企共同传授知识、职业素质、职业能力的培养,具有现代职业教育特点,显现出了现代学徒制师徒基本关系。同时,将师傅的敬业精神、工匠精神传递给了学生,使学生既能感受到学院环境带给他们的知识和文化,又能感受到企业环境带给他们的能力和精神,双主体育人确保学生就业有实力。

以现代职业教育要求为引领,建设现代高等职业教育体系,其基本理论得以完善,政策指导也趋于稳定。因此,展开操作层面实训基地建设新路径,能更好地加强学校与行业联系,关注行业变化,紧密与企业合作,从教育教学实践中提炼升华,进而指导专业建设继续发展。

四、实训基地建设价值体现

"小专业""集团化"实训基地建设为校企合作的多样性增添一种模式。模式在人才培养、人才培训、技术革新、信息共享等方面进行深层次、多角度的探索与实践,学院发挥了办学优势、人才优势、智力优势,企业发挥了技术优势、生产优势和设备资源优势。搭建的深度融合的校企合作平台,促进了企业在实训教学方面的全面合作,校企各自都有更好的发展,实践上也较好地体现了双方的客观作用。

(一) 理论创新价值

"小专业""集团化"实训基地建设是在市场的作用,深化"一对多"校企合作联盟建设为基础,而进行深入探索的理论创新成果。首先,提出"小专业""集团化"理论创新;其次,基于学生的顶岗实习教育教学重要环节进行理论与实践探索;第三,逐步上升到理论层面指导实践的过程。通过深化产教融合、校企合作内涵,新理论更加充分地体现了学校、企业两个积极性和实现实训基地建设的责任,"集团化"式实训基地建设进一步体现了企业自愿参加、进出自由,校企共同创建了新的人才培养模式,其成果共同享有、责任共同承担,并为创建专业奠定基础。

(二) "集团化"建设价值

虽然校企联盟模式解决了人才需求的主要矛盾,但还需进一步完善。于是,在校企联盟模式的基础上,经过与企业密切接触和积极探讨,建立了"小专业""集团化"实训基地人才培养新模式,深入开展合作育人,为专业的招生、教学、就业提供较完善的支持和保障服务。同时，较好地解决了学校背靠行业企业培养专业人才的根本要求，小专业有了"集团"，专业教育实现了"集团化"人才培养，而"集团化"更易构建起校企之间的合作，一些小专业完全可以根据自己的实际情况进行借鉴，以提升本专业建设水平。

（三）人才培养输出价值

学生满意三年的学习经历，企业得到高质量的人才，学校无愧于职业教育的责任。新理论下的动态式"订单"培养又赋予了新的内涵，在市场作用下，企业需求人才时的数量与招生计划的人才数量一定是变化的，通过校企实训基地建设运行机制，可以更有效地协调和调剂企业间的人员需求，使专业培养的学生数量与"集团化"企业需求数量的相对平衡能力进一步得到提升，人才价值有其用，教育价值有其体。因此，学校招生依企业需求有计划，企业人才需求有保障，培养人才质量有措施。也就是说，企业获得了满意的高质量人才，专业建设基本做到了有的放矢。

（四）高职教育特征价值

"小专业""集团化"实训基地建设实践更能使学生在职业教育过程中充分融入企业元素，更能呈现职业教育的实践性、开放性和职业性的特点。这是因为在学生顶岗实习时，企业提供了工程项目建设施工现场的真实情境，人才培养实践环节是通过师傅带徒弟完成了理论上升到实际应用的过程，这一过程又体现了现代学徒制的特质，师傅把工匠精神传承给学生，这是实践性，同时也呈现了职业性；无论在校理论教学邀请企业人士、模范先进人物，还是在企业顶岗实习的实践过程中，专业建设始终坚持开放办学，汲取行业企业等各方力量构建专业现代职业教育体系，这体现了高职教育的开放性。

五、基地建设人才培养缩影

防火管理专业建设"小专业""集团化"实训基地的想法始于 2012 年，理论研究源于 2013 年申请辽宁省高等教育学会"十二五"高等教育科研项目"高职教育'小专业''集团化'实训基地建设研究"，研究成果于 2014 年发表并应用到专业教育教学实践中。通过 2014—2015 年顶岗实习情况和 2016 届毕业生杨航同学的亲身经历，从侧面反映了"小专业""集团化"实训基地建设新理论、新实践的结果。

（一）2014—2015 年顶岗实习综述

防火管理专业的顶岗实习从"一对多"校企合作模式发展到"小专业""集团化"实训基地模式，稳步形成了具有专业特色的实训基地教学新形式，基地参与企业也增至近 50 家。

2014 年 5 月初，专业"集团化"实训基地中的 10 家企业来学校进行了现场双选会，共选取 70 名学生，有 18 名学生选择自主实习实训，当年学生顶岗实习率 100%，专业对口实习率达 80%。这 10 家招聘企业分别为：沈阳奥兰消防工程公司、沈阳盛川消防工程公司、沈阳泰诺威尔机电工程公司、葫芦岛某消防工程公司、辽宁瑞德消防公司、沈阳鑫安消防工程公司、沈阳鑫瑞德工程有限公司、沈阳保祺消防工程公司、北京利凯消防工程公司、辽宁强盾消防工程有限公司。

这一年的双选会有两大特色。其一,实习企业一次性招聘学生数量大幅增加,主要体现为辽宁强盾消防工程有限公司和沈阳奥兰消防工程公司,这两家企业主要从事全国的万达广场项目和红星美凯龙项目,在全国很有名气,今年这两家单位分别一次性招聘18名和15名学生,创下专业一次性招聘人数新高,这得益于对往届学生的认可,也体现了对学校办学的认可。其二,实习层次提高。沈阳泰诺威尔机电工程公司招聘了2013级品学兼优的刘爽等同学,其中刘爽同学有幸与两名建筑大学的研究生一起参与公司的消防评估项目,该项目也是公司紧跟国家政策刚刚成立的新部门,这对于刘爽同学来说是一次很好的锻炼机会,也拓展了专业的顶岗实习岗位。

2015年春,专业又迎来了2013级防火管理专业学生的顶岗实习招聘会。先后有辽宁强盾消防工程有限公司、大连智信消防工程有限公司以及辽宁国顺消防安保有限公司等9家消防工程施工企业来校对学生顶岗实习进行校园招聘,2013级共有学生83名(36名男生,47名女生),被单位预定62名学生(36名男生,22名女生),实习补助为(包吃住)1 000~2 000元/月不等,并按照顶岗实习规定,在实习期间为学生购买意外人身伤害保险,实习期间根据学生表现涨薪;实习结束后,符合公司要求的学生可以被录用。在今年的顶岗实习数据上,专业教学委员会进行了对比分析,发现男生出现供不应求的局面,而女生相对受限,这主要与岗位性质有关,工程类企业对男生的需求量较大,这也是专业办学者需要思考的问题:怎样寻找更多的适合女生的专业顶岗实习岗位。

招聘企业对专业建设的"集团化"企业群非常感兴趣,这也成了企业之间相互沟通的桥梁。同时,招聘企业对防火管理专业的课程体系及内容非常认可,对于我们结合行业特点调整第四学期教学计划高度赞扬,该调整方案使我们走在其他院校前列,与企业用人期盼相向而行,这就是市场引导的作用吧!

(二) 毕业生成长自述

杨航同学自述

我是2016届毕业生杨航。2013年,我来到我的母校辽宁政法职业学院,有幸进入防火管理专业,成为大家庭的一员。上学期间,我学习刻苦认真,成绩优秀。在学校生活中,我做过很多兼职,亲身体验了各种工作的不同运作程序和处事方式,培养了吃苦耐劳的精神,并从工作中体会到乐趣,结交了许多朋友。这些经历使我的组织协调能力、管理能力、应变能力等大大提升,也使我具备了良好的心理素质,让我在竞争中有更大的优势。

2015年5月是学校顶岗实习校园招聘的时节,我成功地加入了学校的长期定向实习单位——辽宁奥兰机电设备安装工程有限公司,开启了我的实习阶段,我被安排在公司的第五中心工程部,这段实习经历也坚定了我继续在消防工程行业做下去的决心。这家公司是辽宁地区很有名气的消防工程公司,主要从事全国红星美凯龙建筑的消防工程及大型地产商的建筑项目。

2015年5月—2016年1月,我参与了广东中山港口红星美凯龙全球家居生活购物广场项目,项目面积为9万多平方米。

2016年1月—2017年1月,我参与了广东东莞万江红星美凯龙全球家居生活购物广场项目,项目面积约为10万平方米。

2017年1月,我参与了天津滨海红星美凯龙全球家居购物生活购物广场项目,项目面积约为14万平方米。

2017年5—9月,我负责了河北承德阳光四季城(椿林苑、海棠苑、梧桐苑)项目,并担任项目经理。

2017年10月—2018年1月,我负责了河北廊坊香邑廊桥B地块项目。

2017年1月—2018年7月,我负责了天津滨海红星美凯龙全球家居生活购物广场项目。

2018年7月,我入职广东中安消防智能科技工程有限公司。

2018年8月—2019年6月,我负责了项目广州花都融创室外主题乐园、停车楼、宿舍楼项目,项目面积共计30万平立米。

2019年7月至今,我负责广州花都融创体育乐园项目、广州花都融创秀场项目、广州花都融创酒吧街项目,项目面积共计10万平方米。

以上是我的履职经历。从一名实习生到一名项目经理,我用了两年时间,再到目前我自己独立负责10万平方米项目,应该说离不开母校老师教授我的扎实的专业基础知识。例如给排水系统、电力系统、通风系统的理论知识在初入工作时起到了很重要的作用,我还需要不断学习,丰富自己的理论知识,以避免工作过程中出现错误。在未来的道路上,我会不断努力,拓宽自己的眼界,增加自己的阅历。

2019年9月

第五章　专业匠型人才培养实践之路

专业建设在"一对多"校企合作联盟新模式和细化的"小专业""集团化"实训基地建设新理论与实践的基础上,进一步探索了校企一体化育人匠型人才培养的途径,以适应经济社会发展。因此,专业于2016年申报了辽宁省教育科学"十三五"规划课题"基于校企一体化育人的工匠型人才培养研究"(2016年6月立项,项目编号:JG16EB170;2018年5月结项),专业发展到以科学研究促进教育教学深入开展的阶段,其间还发表了一些相关论文,如《浅谈职业教育"工匠型"人才培养实现途径》《基于现代学徒制职业教育人才培养的实践探索》《建筑消防工程施工中的若干问题探讨》《消防工程施工存在问题与控制策略》《探析建筑消防电气的安装与维护策略》《人才培养方案诊断性研究》等,为专业建设发展进一步奠定了理论基础。与此同时,2016年4月,专业召开了"防火管理专业落实高职创新行动发展计划"校企对接座谈会,将校企合作人才培养模式提升为"校企一体化育人"人才培养模式,使之人才质量具有匠型人才的基本特征。

第一节　匠型人才培养之见地

中国特色社会主义建设中需要"工匠型"人才,以与社会各领域各行业发展需求相对应,支撑经济社会的发展。也就是说,要有一批新一代的"工匠型"的人才匠士与中国制造2025和2035年发展目标有效对接起来。职业教育要紧紧把握时代的发展脉搏,与时代同呼吸共命运,切实为社会服务、生产、建设、管理一线服务,培养出社会所需的高质量技术技能人才和匠型人才。

一、匠人

匠人,旧称手艺工人,语出《墨子·天志上》:"譬若轮人之有规,匠人之有矩。"也就是指技艺高超的手艺人,这些人往往精益求精,追求更高的技艺。当代匠人是指各行各业的技术能手、业务尖子品德高尚的人。匠人都具有工匠精神,都致力于打造本行业最优质的服务和产品。现代职业教育承担着为社会发展培养大量技术技能型人才的责任,以工匠精神和打造匠人的措施来丰富和促进现代职业教育的专业建设与发展,是当下必须要重视的一个问题。

二、匠型人才

现代职业教育中的匠型人才是指通过职业教育的组织实施过程,达到了人才培养方案中培养规格要求且是企业高度认可的人才。规格目标的实现,一定要通过深度的产教融合、校企合作、工学结合,并以某种校企合作培养的方式(模式或途径)达到目的,概括起来规格要求主要包括两方面:一方面是培养学生干一行、爱一行、专一行、精一行的职业要求及专业岗位的技能等;另一方面是培养学生适应岗位工作环境的能力,如社会认知能力、企业认同能力、与他人的协同互助能力等。学生通过职业教育培养后,能力素质达到顶岗作业(需在师傅的引领下)的工作能力要求,具备知行合一的行为准则,这就是本书所指的匠型人才的基本内涵。

三、工匠精神

编者认为,工匠精神与匠型人才是有区别的。工匠精神是指工匠以极致的态度对自己的产品精雕细琢,精益求精,追求更完美的精神境界。其内涵为:注重细节,追求完美和极致;严谨,一丝不苟,不投机取巧;耐心,专注,坚持,不断提升产品和服务水平;专业,敬业,打造最好的产品和最优质的服务;淡泊名利,用心做一件事情。工匠精神是人类在社会活动过程中对待某种事务处理的要求提炼和概况,是人的一生不断实践的过程。概括起来说,在思想层面,就是爱岗敬业、无私奉献;在行为方面,就是开拓创新、持续专注;在目标方面,就是精益求精、追求极致[1]。这里的匠型人才是指职业教育过程中培养人才的技艺专长达到规格要求,实现知行合一目标。实践中,要始终把工匠精神的基本品格及要求贯穿到职业教育整个过程,并使之成为学生价值观的重要组成部分,对没有达到工匠精神(对待事业不精益求精)的学生,还需使其树立起一丝不苟对待产品和服务,追求完美的意识和思想,这种教育是人才培养阶段学校的责任,是社会对学校的要求,也是学生人生过程需要不断填补的精神需求。2017年的政府工作报告提出了"工匠精神"。工匠精神,应是职业教育的灵魂。

四、工匠精神三重视界[2]

(一)精神孕育阶段

新手磨合,工匠手艺的习得都是从学徒开始的。这时的工匠还都是技能学习初始

---

① 刘占山.把工匠精神刻入职校学生的心中[N].中国教育报.2018-6-19(9).
② 张健."工匠精神"生成的三重视界[N].中国教育报.2016-11-15(10).

阶段的人,跟着师傅打下手,多看多思,熟悉基本流程,遵循师傅的指令进行一些简单操作,也是师徒磨合阶段。工匠还基本处在感性认知的低级阶段,技能和精神都还没有成型,对精神的培育是发端性的。在这一阶段,如果放手让这些新手去实践,大概只能如庖丁解牛的族庖,"族庖月更刀,折也",意思是差的厨子解牛用刀砍,一个月就要换一把刀。这是粗蛮、愚鲁、低技能的表现,没有战胜外在力量的行动自由。

(二)精神形成阶段

在工匠的学徒阶段,徒弟通过观摩和动手制作,发现自己和师傅的差距,也逐渐明确了差距的成因和努力的方向,从而产生出意志和决心。这种意志和决心就是做事的执着精神和职业态度,也就是工匠精神开始形成的标志。有了这样的精神和意识,他们对技能的学习更加勤奋、刻苦,对技术的钻研更加投入和执着。逐渐地,徒弟可以脱离师傅而独立操作,成为独当一面解决问题的胜任者和完成技术任务的能手,也是匠型基本形成阶段。他们已成为庖丁解牛的良庖,"良庖岁更刀,割也",即好的厨子解牛是用刀割,一年换一把刀。比之族庖,他们的手艺已经有了大幅精进,有了"巧"的成分和策略技能,已堪称"能手"。

(三)精神定型阶段

庖丁解牛中姓丁的厨子一把刀用了 19 年,还像刚从磨刀石上磨出来的一样。因为他对牛的感知是"目无全牛",顺应牛体结构的缝隙而运刀,所以他的技能已达到了顺应规律、"进乎技也"的境界,这就是专家和大师的境界。达到这一境界的劳动,是一种自由劳动的状态,技艺成为一种终身的追求、灵魂的归依、精神的栖居,成为一种追求、信仰和生活方式。而达到这一境界,倘若没有工匠精神的砥砺和支撑,是不可能的。这时,"工匠精神"的发展和建构就已经成熟和定型了,也是工匠(专家)诞生阶段。他们是"工匠精神"的集大成者,是技术技能人才的精神标杆和职业楷模。

五、培养匠型人才释析

(一)匠型人才成长环境

辽宁作为共和国的"长子",东北的老工业基地,建设老工业基地正值爬坡过坎、滚石上山的关键时刻,对未来越有信心,对现在就要有坚忍不拔的毅力和耐心。辽宁早期就有孟泰、尉凤英等众多劳动模范、技术标兵,现在又涌现出刘长福、方文墨等一大批大国工匠,他们都秉承大国匠心卓越品质的耐心和发展的信心,正是这种精神托起了辽宁的发展。但有一段时间,缺乏对工匠精神的坚持、追求和积累,让持久创新变得异常艰难,更让基业长青成为凤毛麟角,甚至还出现不堪回首的往事。现今重提"工匠精神",重塑"工匠精神",是我们生存和发展的必经之路,也是当今时代处于新时代、新技术加速融合的要求,各个领域、各个企业只有迎难而上才能披荆斩棘,重回往日的辉煌。职业教育肩负着为社会培养技术技能型人才的重任,将工匠精神融入职业教育的人才培养中,也是国情需求的时代呼唤,发展必然。

结合辽宁区域情况及职业教育进行分析,辽宁企业要适应中国制造2025,专业建设就要紧密围绕服务于行业企业进行,这其中培养一批批新一代的"工匠"就成为社会发展的客观要求。因此,第一,职业教育是为国家担当,是经济社会发展不可或缺的重要组成部分,要让职业教育拥有更高的社会地位,激发他们的创造性和积极性;第二,要提高"工匠"的待遇和地位,通过精神鼓励和物质奖励等手段,培育一批专家和专业技术工人,扎根基层,扎根专业领域,让"工匠"人才在社会上有职业声望,有更高的获得感和荣誉感;第三,要营造"鼓励创新、宽容失败"的社会文化环境,建立创新失败补偿机制,让青年创客沉得下心、坐得住"冷板凳",真正想出好创意,做出好作品。以上皆为外因,回归职业教育原点上,学校层面如何培养"匠型人才"呢?如何用"工匠精神"作为高职教育人才培养的新理念,引领并指导"匠型"人才培养,使之具备忠实肯干的心态、敢于吃苦的精神、不断开拓的激情和技术能力的掌握呢?这正是职业教育要营造匠型人才培养的氛围,寻找匠型人才培养的环境。职业教育人,一是要认真学习国家职业教育政策,深刻领会政策精神实质,立足专业进行理论与实践研究;二是尽其所能开展产教融合、校企合作、工学结合活动,发挥企业在职业教育中的作用;三是结合专业建设实际,围绕匠型人才培养不断进行人才培养模式创新,人才培养过程创新;四是把"工匠精神"根植于校企共同育人的过程之中。

(二)人才培养有匠型特征

防火管理专业(工程技术方向)培养的人才主要为辽宁经济区域发展建设服务,培养的人才质量和规格要求一定要与之相称,才能更好地为区域发展贡献力量,同时专业建设也会更具特色。2016年5月16日,国务院总理李克强在职业教育周的讲话中,再一次强调指出:"促进形成'崇尚一技之长,不唯学历凭能力'的社会氛围,激发年轻人学习职业技能的积极性"。2016年9月,教育部印发了《关于深化职业教育教学改革全面提高人才培养质量的若干意见》指出:"坚持产教融合、校企合作,实现校企协同育人"等一系列举措。《教育"十三五"规划》也强调"推行产教融合的职业教育模式"。

专业经过十多年的建设,已建立了由近50家企业组成的"一对多、小专业、集团化"校外实训基地,该实训基地以动态式"订单"人才培养模式,实现了专业办学规模适当、稳定,专业建设水平不断提高,人才培养质量得到企业高度认可。学校在"2+1"办学模式中,将为期一年的校外实训教学移到实训基地企业进行,具体分为习岗实习、跟岗实习、顶岗实习三个阶段。学生通过合作联盟,本着自愿双向选择的原则,到企业带薪进行顶岗实习完成实践实训教育教学任务。顶岗实习期间以企业师傅为主,构建现代学徒制师徒关系,专业教师也走出学校,走到企业,与企业师傅一起共同管理和实施校外实践教学活动内容,强调的是人才培养规格的实现,以及职业能力的培养,呈现企业师傅、校内专职教师共同育人的局面。通过校内外的实习、实训、实践教学及对人才培养质量的分析,基于新模式、新理论、新实践培养出来的学生越来越受到企业的欢迎,更趋具有"一技之长"和较高职业素养的匠型人才的基本特征。

教育的本质是培养人,是提高人的生命质量和生命价值。对个体来讲,教育提高个体的生命质量,包括体魄强壮、科学文化素养的提高、思想品德的提升;对社会来讲,教育提高个体对社会的奉献,这就要求我们相应地改变人才培养方式[①]。因此,必须坚持产教融合、校企合作共同育人,致力于培养具有工匠精神的高素质技术技能人才。通过合作制定人才培养方案、合作开展专业建设、合作开发课程体系和教学标准、合作建设实习实训场地、人员互相兼职,校企双主体共同培育学生的工匠精神。人才素质又是"工匠精神"的具体体现,树立"视质量为企业生命"的理念,营造出"崇尚一技之长、不唯学历凭能力"的环境,让"工匠精神"孕育、生根、发芽在实践中成长,以耐心、专注、持之以恒心态的磨炼,才会将"稳、准、精"匠型技能逐渐渗透到学生身上。

第二节 匠型人才培养的实践基础

匠型人才培养是基于职业逻辑为起点,以职业能力培养为导向,构建"岗位实习、跟岗实习、顶岗实习"能力递进式实践教学体系,实现学生角色由校园人到准职业人、再到职业人的完美蜕变[②]。它是引领师生思想、言行的无形准则,将教师历练为"双师型"教师,将学生培育为"现代型"匠型人才。

一、国家政策指引

匠型人才培养必须在产教充分融合、校企充分合作的前提下才能完成,才能达到匠型人才培养的目标和规格要求,实践也充分证明这一点,并且国家政策持续不断地要求职业教育要深入进行产教融合、校企合作、工学结合,切中了高职教育培养匠型人才的要害。

2017年12月,国务院办公厅印发了《关于深化产教融合的若干意见》。《意见》强调,要深化职业教育、高等教育等改革,发挥企业重要主体作用,促进人才培养供给侧和产业需求侧结构要素全方位融合,培养大批高素质创新人才和技术技能人才。

《意见》还指出,要深化产教融合,促进教育链、人才链与产业链、创新链有机衔接,是当前推进人力资源供给侧结构性改革的迫切要求。其原则,统筹协调,共同推进;服务需求,优化结构;校企协同,合作育人。其目标,逐步提高行业企业参与办学程度,健全多元化办学体制,全面推行校企协同育人,用10年左右时间,教育和产业统筹融合、良性互动的发展格局总体形成,需求导向的人才培养模式健全完善,人才教育供给与

---

① 顾明远.教育更要注重培养学生的思维能力[N].中国教育报.2017-5-25(7).
② 马佩勋,吴佳.四环联动,顶岗实习"云"管理[N].中国教育报.2018-12-11(9).

产业需求重大结构性矛盾基本解决,职业教育、高等教育对经济发展和产业升级的贡献显著增强。

《意见》指出,要强化企业重要主体作用。鼓励企业以独资、合资、合作等方式依法参与举办职业教育、高等教育,允许企业以资本、技术、管理等要素依法参与办学并享有相应权利。要深化"引企入教"改革。支持引导企业深度参与职业学校、高等学校教育教学改革,多种方式参与学校专业规划、教材开发、教学设计、课程设置、实习实训,促进企业需求融入人才培养环节。推行面向企业真实生产环境的任务式培养模式。健全学生到企业实习实训制度,鼓励以引企驻校、引校进企、校企一体等方式,吸引优势企业与学校共建共享生产性实训基地。落实企业职工培训制度,创新教育培训方式,鼓励企业向职业学校、高等学校和培训机构购买培训服务。鼓励区域、行业骨干企业联合职业学校、高等学校共同组建产教融合集团(联盟),带动中小企业参与,推进实体化运作。

《意见》指出,要开展生产实践体验,支持学校聘请劳动模范和高技能人才兼职授课,组织开展"大国工匠进校园"活动。坚持职业教育校企合作、工学结合的办学制度,大力发展校企双制、工学一体的技工教育。深化全日制职业学校办学体制改革,在技术性、实践性较强的专业,全面推行现代学徒制,推动学校招生与企业招工相衔接,校企育人"双重主体",学生学徒"双重身份",学校、企业和学生三方权利义务关系明晰。完善"文化素质+职业技能"评价方式。鼓励地方政府、行业企业、学校通过购买服务、合作设立等方式,积极培育市场导向、对接供需、精准服务、规范运作的产教融合服务组织(企业)。支持利用市场合作和产业分工,提供专业化服务,构建校企利益共同体,形成稳定互惠的合作机制,促进校企紧密联结。

2018年2月,教育部等六部门印发了《职业学校校企合作促进办法》。本《办法》所称校企合作是指职业学校和企业通过共同育人、合作研究、共建机构、共享资源等方式实施的合作活动。

《办法》明确指出,校企合作实行校企主导、政府推动、行业指导、学校企业双主体实施的合作机制。职业学校应当根据自身特点和人才培养需要,主动与具备条件的企业开展人才培养、技术创新、就业创业、社会服务、文化传承等方面合作。支持职业学校与相关企业以组建职业教育集团等方式,建立长期、稳定合作关系。职业教育集团应当以章程或者多方协议等方式,约定集团成员之间合作的方式、内容以及权利义务关系等事项。

《办法》鼓励职业学校与企业合作开展学徒制培养。开展学徒制培养的学校,在招生专业、名额等方面应当听取企业意见。有技术技能人才培养能力和需求的企业,可以与职业学校合作设立学徒岗位,联合招收学员,共同确定培养方案,以工学结合方式进行培养。职业学校与企业就学生参加习岗实习、跟岗实习和学徒培养达成合作协议的,应当签订学校、企业、学生三方协议,并明确学校与企业在保障学生合法权益方面的责任。

2019年4月,教育部等四部门印发的《关于在院校实施"学历证书＋若干职业技能等级证书"制度试点方案》指出,职业技能等级证书以社会需求、企业岗位(群)需求和职业技能等级标准为依据,对学习者职业技能进行综合评价,如实反映学习者职业技术能力,证书分为初级、中级、高级。院校是1＋X证书制度试点的实施主体。中等职业学校、高等职业学校可结合初级、中级、高级职业技能等级开展培训评价工作。

二、专业建设理论基础

现代职业教育的目的是为经济社会发展服务。构建起校企一体化育人模式,以实现匠型人才的培养,这需要建立在一定的理论基础和实践经验上。也就是说,匠型人才培养需要在理论研究和实践上取得一定的校企合作建设成果,才能得心应手,游刃有余。进一步深入探索人才培养的问题是长期命题,校企一体化育人将学生培养成匠型人才,是对职业教育高层次要求,如果目标达到,职业教育能力就达到了很高水平。为此,专业的职业教育过程一直以来是在理论不断创新的进程中建设发展的,以申报省级教改课题进行理论研究成果为专业建设平台,先后有《基于信息技术的防火管理专业(工程技术方向)人才培养方案优化》《"一对多"校企合作联盟建设研究》《"小专业""集团化"实训基地建设研究》《基于校企一体化育人的工匠型人才培养研究》《"互联网＋"助力工匠型人才培养研究》《小专业集团化工匠型人才培养诊断研究》等研究成果,引导促进专业建设。与此同时,还召开了"产学研"校企合作研讨会、"小专业""大集团"校企合作工作座谈会、高职教育创新校企对接座谈会三次校企合作专门会议,这些都为推动了人才培养质量不断提升增加了动力,也为校企一体化育人的匠型人才培养打下了坚实理论基础。

校企一体化育人的本质是充分发挥校企双主体责任,尽最大可能培养出匠型优秀人才。现有校企一体化育人的职业教育人才培养大都注重在校企合作的形式上,虽然学生到企业进行了顶岗实习教育教学活动,但没有较好地突显出双主体各自的教育责任,现代职业教育的特征不够明显。专业在校企一体化育人上显示的是理论研究与实践并行所取得人才培养效果。首先,坚持市场就业导向,充分体现职业教育特征,确保学生教育教学工作有活力和发展有动力;其次,在双主体的机制上以不断完善的章程为基础,明确责任,完成好任务;最后,双主体在匠型人才培养的途径和方式上进行创新,及时掌握行业企业发展动态,按现代职业教育要求培养人才。

三、专业建设实践基础

(一)顶岗实习实践教学

完整的专业自身理论研究成果,以及成果不断转化到专业建设中,指导校企合作再实践、人才培养模式再创新,不断孕育出新的发展空间的实践告诉我们,校企一体化育人的匠型人才培养已具有较好的实践基础。从 2007 年年底的北京之行顶岗实习的实践活动开始,拉开了专业实践教学的序幕,到 2020 年已有 13 年的历史。这些年,从不太清晰的校企合作内涵到现今校企一体化育人过程,回顾过去利于匠型人才培养的实践环境已经形成,匠型人才培养的能力已经具备。

最初阶段(2007—2010 年),顶岗实习实践教学活动是建立在企业对口、愿意接收学生、学生利益能得到基本保障的基础上,学校是同意学生进行顶岗实习的,接收学生的企业与学校是在一些简单约束下进行合作的,可以说顶岗实习基本处于"无章可循"的状态,但这些企业提供的顶岗实习环境还是基本满足了专业实践教学的需要。

第二阶段(2011—2013 年),顶岗实习实践教学活动有了章程,它是依托"一对多"校企合作联盟建立形成的,这时的校企合作进入了操作基本符合规范的轨道,也使实践教学活动在联盟组织下有规划、有措施、有期待、有效果。校企合作有了新模式,产教融合有了新进展,工学结合有了新深入,还实施了可助推实践教学的动态式"订单"人才培养,这种模式是对"订单"式人才培养的一种补充和创新。

第三阶段(2014—2015 年),顶岗实习实践教学活动是在校企联盟的基础上深化到"小专业""集团化"实训基地建设上来的,创新了理论,指导了实践,不仅完善了校企合作章程和顶岗实习活动要求,还深化了动态式"订单"人才培养模式的内涵,使其顶岗实习更规范、更便捷及更有利于学生的培养,知行合一的教学行为进一步体现。

第四阶段(2016—2020 年),顶岗实习实践教学活动强调是校企一体化育人,更加充分发挥企业主体重要作用,把企业的积极性调动到与学校一起育人上,以深化产教融合、校企合作、建立现代师徒关系、强化校企协同管理等方式措施,赋予支撑和保障。企业加强管理,学校密切配合,师傅热心指导,专业教师随时解惑,完整意义上"二真四融"的产教融合、校企合作、工学结合呈现出来了,"二真四融"即以企业真实的工作任务为教学任务,以企业真实的工作环境为教学环境;专业教育与职业道德教育融通,职业资格证书与毕业证书融通,工作过程与教学过程融通,就业岗位与毕业顶岗实习岗位融通。学生学习基本达到知行合一的目的,人才培养质量有了根本保障,匠型人才特征也明显呈现。

(二)当前顶岗实习实践状况

专业依托相关消防工程公司和企事业单位建立了自己强大的"集团化"企业群,有了完善的校企合作制度和实习管理制度。现在,企业群中的企业每年根据各自的发展需求制定人才需求数量和培养要求,学校根据企业需求进行专门培养人才,形成了基于动态式"订单"人才培养具有专业特色的校企一体化育人模式。同时,专业每年都会与企业签订新的《校企合作协议》,协议明确了双方在校企一体化育人人才培养过程中的责与利,体现了双主体的责任和共同的利益。顶岗实习实践教学活动是在市场作用引导下,完全以公开化的双选会形式进行的,学校、企业、学生三方相互监督,企业与学生的双向选择,双方都具有否定的自主权,学校不进行任何干预,只搭建相互选择的平台,这也使学校避免了很多校企合作期间的误解和问题,学校把精力完全放在顶岗实习计划与要求的落实上,让学生顶岗实习过程可管、可控、可视,进一步优化了实习过程管理。

一体化育人秉承是学校和企业共同育人的理念。专业建设每年都适时邀请行业专家和技术人员到学校,共同研讨和修订人才培养方案,把方案的顶岗实习的实践要求落实到学校和企业共同育人的过程中,"集团化"企业群中的企业参与到专业人才培养全过程,尤其是顶岗实习的实践教学环节,促使双方资源得到最优配置,校企一体化育人的人才培养模式能更顺畅地落地开花。2019 年,专业学生顶岗实习受到前所未有的关注,企业纷纷到学校选聘学生,当然学生也有较大空间选择企业了。

四、政策要求相切合的基础

这些年来,专业建设发展所取得的每一点进步和成效,与国家政策的要求有很多的切合点,这些成果都是基于理论研究及不断实践探索获得的。专业从系统建设出发,2011~2018 年间,专业申请省级教学研究课题 7 项、省级教学成果 1 项、校内课题 3 项,专门研讨会 3 次,发表论文 10 多篇,校企合作企业近 50 家,稳定实训基地有近 40 余家,以及实施效果很好的校企共同制订的人才培养方案等,对照政策要求专业建设取得的成效,并指导校企一体化育人向可实现匠型人才培养的方向推进,匠型人才培养基础条件如下。

(1)发挥企业主体重要作用,促进人才培养供给侧和产业需求侧结构要素全方位融合。创建了"一对多"校企合作联盟新模式,创新了"小专业""集团化"新理论,使企业发挥了主体重要作用的条件有了保障,联盟提出的"大企业"运行机制的动态式"订单"人才培养模式,基本解决了人才培养供给侧和需求侧的供需平衡问题,随之而来的后续专业建设得到了企业更好地参与,育人的基础更加坚实。

(2)深化产教融合,促进教育链、人才链与产业链、创新链有机衔接,是当前推进人力资源供给侧结构性改革的迫切要求。在新模式、新理论、新实践基础上深化了产教融合,校企合作有章可循,更为协调,教育链和产业链的标准更为明晰,责任和义务要求更为规范,创新的"小专业""集团化"实训基地建设理论与实践,大大提升了人才培养质量,使教育链、人才链与产业链、创新链得到有效连接,也使这些环节得到了促进和发展。

(3)校企协同,合作育人,需求导向的人才培养模式健全完善。以就业为导向,建立了校企联盟人才培养模式,动态式"订单"人才培养模式,"2+1"工学结合人才培养模式,校企一体化育人模式等提升了校企协同、合作育人的水平。"小专业""集团化"实训基地建设成果促进了校企一体化育人的过程产生新气象,为匠型人才培养奠定了新基础,人才培养不断孕育出新模式。

(4)企业深度参与学校教育教学改革,多种方式参与学校专业规划、教材开发、教学设计、课程设置、实习实训,促进企业需求融入人才培养环节。

当专业建设发展到重要节点时,都会邀请企业专业人士参与、会诊及诊断。专业于2006年、2012年、2016年三次召开校企合作专题会,与会专家们每次都对专业建设提出了很诚恳的建议和意见,并把这些建议和意见及时吸收到人才培养方案和教育教学实践中,三次会议均发挥了非常重要的作用。再则,校企共同申请省、学院教改课题,进行理论深入研究与实践探索,校企共同编写出版了4本专业校本教材,确定6门核心课程,这与教育部2019年制定的人才培养方案确定6~8门核心课程的要求相一致,企业积极创造条件为学生提供顶岗实习岗位,选派优秀职工指导学生实践,参与学生管理,顶岗实习实践教学工作科学有序。

(5)利用引企驻校、引校进企、校企一体等方式吸引优势企业与学校共建共享生产性实训基地。在"小专业""集团化"实训基地建设理论指引下,"一对多"校企合作联盟运行机制得到完善,校企共建共享生产性实训基地的建设效果很好,校企和谐共处,共同发展,校企一体化育人的态势也得到长足的拓展,学生素质和能力得到进一步提升。

(6)共同组建产教融合集团(联盟),带动中小企业参与,推进实体化运作,支持职业学校与相关企业以组建职业教育集团等方式,建立长期、稳定的合作关系。职业教育集团应当以章程或者多方协议等方式,约定集团成员之间合作的方式、内容以及权利义务关系等事项。

"一对多"校企合作联盟创建以来,联盟企业已有近50家,联盟以章程为基础和纽带,构建了稳定的校企合作关系,随着实践的深入,把联盟"大企业"延伸到"集团化"形式,建立了新的有效的运行机制,实践教学有章程、有协议、有保险等措施,长期的校企合作有了制度上的根本保障。

(7)全面推行现代学徒制和企业新型学徒制,推动学校招生与企业招工相衔接体现在校企育人"双重主体"作用上和学生学徒"双重身份"角色上,学校、企业和学生三方权利义务关系明晰,签订学校、企业、学生三方协议,并明确学校与企业在保障学生合法权益方面的责任。

"一对多"校企联盟和"小专业""集团化"实训基地建设的目的之一,就是要建立起现代的师徒关系,良好的师徒关系是提升学生顶岗实习效果最有效的途径,顶岗实习的效果会促进学生的就业,待到毕业时,有70%以上的学生留在了顶岗实习的企业工作。

(8)完善"文化素质+职业技能"评价方式。以学院校园文化建设纲要为引领,以系每年举办的系列文化活动为基础,以专业特点文化知识竞赛活动为拓展,通过把劳模、职业人请到学校讲课等多种形式,开展活动育人活动,提升学生的文化素质;以人才培养方案中的6项专业职业技能要求为抓手,强调知识的传授和实践活动,提高学生职业能力,使学生在三年学习期间可以得到较好的人生发展规划。同时,把"文化素质+职业技能"的评价作为对学生在学期间的考核内容,考核结果将涉及国家奖学金、励志奖学金、学院三好学生等评比。

（9）积极培育市场导向、对接供需、精准服务、规范运作的产教融合服务组织（企业）。专业的校企合作在市场引导作用下，从 2011 年开始并逐渐深化，专业建设中遇到过市场作用的烦恼，但更多的是得到了市场作用的益处，现在还在持续地完善着，以此校企联盟的"集团化"使职业教育对接供需、精准服务、规范运作达到了较高的水平。

（10）实施"学历证书＋若干职业技能等级证书"。专业创建伊始就把"学历证书＋职业技能证书"教学工作作为专业建设重要内容来抓，13 年间始终坚持。学生在三年的学习中，被要求考取国家职业技能证书，在校期间有 6 项供其必须选择其中的 2 项，有 1 项国家国家职业技能证书标准要在教学中完成（工作后考取），1 项学院职业技能标准必须达标。专业形成了适合岗位要求、能力凸显的"学历＋职业证书"教育教学体系。

总之，专业建设是一步步发展的，始终坚持不断创新理论和不断探索实践，坚持理论与实践相结合，坚持市场作用的校企合作，使人才培养由适应岗位到高质量适应岗位，并向匠型人才的培养方向推进，形成了校企一体化育人的新格局。

第三节　匠型人才培养的实践策略

匠型人才的技术技能特长培养要更具有目标性，教师（师傅）的教学过程要更具有针对性，专业建设要更具有特色性。这样，培养的匠型人才一定会使企业满意，也一定会显示出学生的工匠精神和匠型能力，这是学校期盼的目标，也是职业教育人才培养所要求的。因此，专业要积极对接企业需求，量身定制，为企业培养一线高质量技术技能人才。

一、匠型人才培养分析

顾名思义，校企一体化育人就是校企双方进行深度合作，有共同认可的人才培养方案，依方案共同实施培养学生的过程。育人的目标结果是匠型人才，即在学生的三年职业教育过程中，在专业领域具有一技之长和高尚的职业品格。

（一）专业岗位视角分析

以专业工程技术岗位或工作岗位的视角，通过校企一体化育人的方式，教学上实现一技之长，素质上有高尚的人格品质和职业道德，以此来培养匠型人才。在实践中，专业以"一对多"校企合作联盟为操作平台，以"小专业""集团化"实训基地建设为合作育人主要环境，使得校企一体化育人取得比较丰硕的成果，学生掌握一技之长的能力达到了培养规格要求，但距匠型人才的要求还有一段路要走。从而，进一步深入探索现代职业教育中匠型人才的培养途径或模式就摆在专业建设的前面，应勇于面对，继续前进。

这里的"一技之长"是指依据现代职业教育要求,按照工程技术(管理)工作岗位所需要的相应高技能或专长的能力。"匠型人才"是指培养出具备工匠精神和匠型技能特质的学生。在实践中,专业始终把工匠精神的基本品格及要求贯穿到学生职业教育整个过程,并使之成为学生价值观的重要组成部分,树立起学生走向社会时应具备的一丝不苟的工作态度和追求完美的工作作风,这是学校的责任,也是社会对学校的要求,学生应永存对社会、对企业、对自己有更加美好的未来憧憬。2014 年 5 月,国务院颁布的《关于加快发展现代职业教育的决定》提出:"促进形成'崇尚一技之长、不唯学历凭能力'的社会氛围,提高职业教育社会影响力和吸引力,从而激发年轻人学习职业技能的积极性。"

校企一体化育人从专业开办伊始就被"2+1"工学结合的模式确定下来。但校企合作是逐步开展而深化的,从简单把学生送到企业到有完善章程遵循的校企合作,直到专业办学在社会有影响,企业可得到高质量人才,双方合作水平是逐渐达到较高层次的。2017 年 12 月,国务院办公厅印发《关于深化产教融合的若干意见》指出:"坚持职业教育校企合作、工学结合的办学制度,大力发展校企双制、工学一体的技工教育。""在技术性、实践性较强的专业,全面推行现代学徒制和企业新型学徒制,推动学校招生与企业招工相衔接,校企育人'双重主体',学生学徒'双重身份',学校、企业和学生三方权利义务关系明晰。"2018 年 2 月,教育部等六部门印发《职业学校校企合作促进办法》指出:"职业学校应当根据自身特点和人才培养需要,主动与具备条件的企业开展人才培养、技术创新、就业创业、社会服务、文化传承等方面合作。"这些具体要求都为推进专业建设发展、服务社会指明了方向。

(二) 专业社会视角分析

近些年,职业教育人才培养规模持续扩大。2018 年,全国共有高职(专科)院校1 418所,在校生 1 133.70 万人。"十二五"时期,各级各类职业学校累计为社会输送了近 5 000 万名毕业生,开展各类培训上亿人次。在这些职业院校中,又有哪些实现了校企一体化育人并以培养匠型人才为目标呢? 在传统的教育教学模式中,呈现出以"学校为主导,企业为辅助"的现象,在这种模式下,大多学校热情度高涨,而企业热情度较低,这是企业往往关心短期效益所致。从企业先期投入人才培养积极性不高而言,其原因是,学生毕业时会有部分学生工作时不愿意加入企业,即使加入了企业,有的也会在短时间内离开,使企业见效少,甚至见不到成效,故企业热情度降低。后来"校企共建"模式,也就是说,专业顶岗实习校企一体化育人呈现出一种以"企业为主,学校辅助"的新模式。学校和企业在摸索校企合作的利益协调机制的过程中,鼓励创新各种层面、各种深度和各种方式的合作,同时要注重人才培养的制度保障,形成工学紧密结合人才培养的新常态。

现代职业教育的要求是让学校培养的学生精准适应社会对人才的需求,准确培养学生掌握社会需要的能力。校企一体化育人是现代职业教育最为有效的人才培养模式,如何实现校企一体化育人,或者怎样实现校企一体化育人,一直是职业教育进行探索的问题。校企一体化育人的教学模式种类繁多,既有成功范例,也有浮在表面的合作方式。但是建立在具有充分的校企合作互动关系上,来共同培养学生,共同得到发展,使学生在学习和生产实践中获得一技之长,从而进一步探索校企一体化的工匠型人才培养还不多见,可借鉴的模式还没查到。

专业十多年的校企合作建设成果,以及持续不断地理论与实践探索,丰富了专业育人模式,使得培养人才被认同,具有一定的先进性和可借鉴性,已呈现出现代职业教育的要求及特征,这得益于把满足企业人才需求作为校企合作首要目标。专业已与近50家企业建立了合作关系,其中具有核心关系的有24家,他们为专业的学生提供了充足的岗位进行顶岗实习,学生学到的理论知识能够及时与实践结合起来,且在企业师傅的指导下能较快速地掌握技术技能本领,使学生具有一技之长。专业以先进职业教育理念为指导,以自身建设实际为出发点,不断针对问题进行研究,解决匠型人才的培养问题。校企一体化育人的机制使双主体办学更为鲜明,有清晰合理的界定,更具有可操作性,进一步体现职业教育的时代要求,推动了专业建设向纵深发展。

二、匠型人才专业培养体系

校企一体化育人目标就是通过双主体教育教学实践使学生达到企业岗位要求的能力,并具有较强的企业职业素质和较强烈的责任心,培育出企业需要的匠型人才。

(一) 匠型人才培养模式

按"企业文化进专业、专业文化进课堂"的思路,将工匠精神融入整个人才培养过程中,为培养匠型人才打好思想基础。专业课程教学是职业教育的主阵地,专业教师(师傅)通过研究专业学生必须具有的职业素养,将其整合到专业课程教学目标、教学内容和课程考核之中,将工匠精神的养成计划与专业课程教学紧密结合。根据不同课程特点,在教学中逐步渗透、培养和塑造"精益求精、注重细节、一丝不苟、耐心专注、专业敬业"的工匠精神。专业建设始终将学生的专业技能学习作为核心工作,通过途径创设并形成了良好的学习环境,为学生练就精湛的技能提供保障,不断提升学生的职业技能和工匠精神。以打造先进的专业办学理念、特色优势明显、专业结构合理、社会服务能力强、人才培养质量高、国内领先的优质高职专业为目标。要实现这一目标就要践行工匠精神,全面实施校园文化计划,为学生树立工匠精神营造浓郁的文化氛围[①]。

专业校企合作模式主要体现在"2+1"工学结合上,实行的是两年的理论教学实行"学校为主,企业为辅"的模式和一年实践教学实行"企业为主,学校为辅"的模式,即"2+1"校企一体化培养人才。尤其是在学生顶岗实习教育教学阶段,企业有较大的自主权,

---

① 王怡民.立足行业　浙江交院厚植"工匠精神"[N].中国教育报.2016-12-14(8).

包括有终止学生顶岗实习的权力,模式充分发挥了企业主体的重要作用。专业在不同时期采取不同模式的驱动,形成了良好的人才培养机制。模式前期是学校为教育教学主体时期,将企业师傅请进学校,与学校老师共同研讨人才培养方案,让部分毕业有实践经验的学生参加,教师通过与企业师傅的深入沟通,了解企业对于人才的需求及学生在实习工作过程中哪些知识掌握的不牢固,需要加深或调整教学方向,企业师傅也将人才需求更好地与教师沟通,使教师在授课的过程中调整教学内容。与会学生将自己的所见、所闻、所做与同学分享,增加了学生的学习热情。模式后期是大三时进入企业顶岗实习时期,专业通过合理有效产教融合、校企合作、工学结合,使企业成为与学校平等的办学主体。工学结合、知行合一将企业现场作为重要的学习场所,企业人员作为指导老师,以现代学徒制的师徒关系手把手传授实践知识和能力,其间,校企间时时进行沟通联系,研究顶岗实习具体事务和出现的问题,以求最佳效果。最终,在人才培养上使企业、学校、学生三方共赢,形成了市场引导作用的校企一体化育人模式,模式强调了学生的一技之长,基本抓住了职业教育的灵魂"工匠精神",培养出来的学生也就有了匠型人才的基本特征。

(二) 打造匠型人才,培养教学团队

古语云:"玉不琢,不成器"。工匠精神不仅体现了对产品精心打造、精工制作的理念和追求,还要不断吸收最前沿的技术,创造出新成果。要达到这个目标,就要具有培养匠型人才的教学工作团队,在打造这一团队时,对团队进行分层次、梯级性建设,"集团化"联盟总体统筹、协调层次间的彼此关系。

第一层次为专业团队负责人和企业经理组成的团队。这里有省级教学名师和企业工匠,他们直接落实"集团化"联盟确定的顶岗实习教育教学计划,作为专业教学团队的上层,肩负着督促顶岗实习教学目标的落实和人才培养质量合格的重任,两者分别从学校的教育教学角度和企业管理及需求人才的角度,相互信任、沟通、尊重,从管理上把顶岗实习教育教学工作做实、做好。

第二层次为专业教师和企业工程师组成的团队。他们作为教学团队的中层,是匠型人才培养的关键,对教学内容、知识讲授和岗位需求内容给出实施与操作意见,着重解决理论与实践相结合的问题,培养学生敬业精神和职业素养,培养学生向准职业人、职业人逐渐蜕变的适应能力。同时,制订优秀人才个性化的培养方案,由教学和科研经验丰富且责任心强的教师担任导师,指导学生个性化的学习计划落实,为培养具有"工匠精神"的优秀人才创造良好的氛围。这是因为专业教师和企业工程师具备了匠型人才培养的教学能力,他们先后取得了一二级国家建造师、注册安全工程师、网络工程师和建(构)筑物消防员等相关职业资格证书。与此同时,专业教师也积极主动地参与到企业的工程建设项目中去,实践时间远超职业学校教师企业实践规定的教师每5年必须累计不少于6个月到企业或生产服务一线实践的要求。

第三层次为学校辅导员及企业管理学生的人员组成的团队。他们作为教学团队

的第三层,主要承担着学生的德育教育和企业工匠精神的培养工作,将工匠精神不断赋予新的内涵,融入学生的实践教学活动中,使学生成为全面的社会人、企业人。

专业秉承打造优秀的匠型教学团队准则,按照企业师傅与校内教师共同育人的理念,建立了完善的匠型教学团队,在教育教学中取得了可喜的成果,为社会输送了大量的高质量人才,得到了企业高度认可。只有走"产学研"结合之路,才能达到校企一体化培养匠型人才的目标,而试图将学校变成工厂、将教师变成企业工程师,让高职院校反串多个角色,实践已经证明是行不通的。

(三) 深化专业课程教材建设

经持续不断的校企合作,以校企"集团化"联盟为平台,校企共同确定 6 门课程的"123"核心课程体系,牢牢把握专业建设方向,使课程建设始终对接企业生产需求。基于信息技术设计的"1 个核心(消防系统)、2 个重点(防火管理、防火规范)、3 个掌握(工程 CAD、工程造价、综合布线技术)"的"123"核心课程体系是有效的、科学的,并在实践中不断深化和完善其内涵。校企还共同开发了校本教材,将企业工程案例、具体操作要求直接写入教材,在教学内容上得到了丰富和升华,为实现匠型人才的培养奠定了"物质基础"。与企业共同完成《建筑消防给水系统项目应用教程》《避难诱导与现场救助项目案例教程》《AutoCAD2014 消防工程项目教程》《物联网技术基础概论》四部校企一体化育人教材,并于 2017 年陆续在辽宁教育出版社和北京邮电大学出版社出版,还出版了专著《高职教育创新与社会服务》。

(四) 深化专业信息化手段建设

信息化教学手段及教学方法是提高教学质量重要路径之一。专业人才培养方案修订过程就明确了基于信息技术的思维进行的,并对专业核心课程运用信息化技术和采取信息化教学手段提出了更高的要求。自 2015 年以来,专业建设团队组建了信息化教学团队,与合作企业进行深入的交流与沟通,由于消防系统在建筑中的抽象性,传统课堂上教师很难将系统结构给学生呈现出来并讲述清楚,学生也很难理解消防设备(系统)的原理,但教师通过课题研究与企业共同开发课程教学资源,制作了消防设备的三维原理动画,开发了建筑烟气模拟软件和消防系统联动软件等,通过这些信息化手段及方法,使教学更具直观性,增强了学生的学习兴趣,提高了教学效果。同时,将课堂派、雨课堂等教学管理软件应用到教学管理中,提高了教学管理水平和质量。

经过这几年努力,专业信息化教学取得了可喜的成果。2016 年 12 月,专业建设负责人孙红梅老师团队参加了教育部教师信息化教学大赛,参赛作品《自动喷水灭火系统的组成——喷头》获公安司法类教学设计一等奖第一名,标志着信息化运用水平达到了很高程度,为专业建设蓝图增添了浓重一笔;2017 年,团队成员吴丹老师团队设计的作品《初期火灾的应急及疏散》获辽宁省教育厅举办的教师信息化教学大赛二等奖;同时,专业团队教师还参加省级课件大赛、微课大赛获二、三等奖。成绩的取得离不开校企一体化育人企业的积极参与，信息化教学已惠及专业的每一门课程中。

（五）凸显"一技之长"培养

校企一体化育人的目标是完成"匠型人才典型工作任务"，即在顶岗实习工作岗位真实的工作情境中获得"工作过程知识"，并学到所需的一技之长。形成了基于现代信息技术的人才培养的优化设计方案，方案较好地融合了企业的岗位需求，实现了培养学生一技之长的制度安排，也可说从"技能菜单"让学生一技之长落地生根。例如，在专业工作岗位需求中，要求学生具有改图绘图能力、工程造价预算能力、工程施工现场技术及管理能力、办公室综合文案管理及招投标能力、消防安全管理能力等。针对这五个能力，通过专业核心课程体系实施要求、企业参与一体化育人合作要求、职业资格证书贯穿教学过程考核要求和顶岗实习再深化再密切实践要求，使学生"一技之长"理论掌握和实践培养更顺畅，学习操作训练指向更明确。

同时，岗位"一技之长"还体现在职业能力评价上。专业职业能力评价以获得职业能力资格证书为评价标准，结合专业行业背景及企业技能需求，职业资格证书包括：全国电工进网作业许可证，证书满足消防系统施工过程使用电的能力要求；工程 CAD 证书，证书满足消防工程绘图改图基本能力需求；初级建（构）筑物消防员职业资格证书，证书满足消防工程维护、管理的岗位要求，且为从事消防行业职业能力资格证书，学生考取后全国终生有效。专业职业资格证书考取率均达到 95％以上，且通过率为100％，这也得到了企业的认可和好评。专业推进"学历文凭＋职业资格证""双证书"制度的落实，使学生的"一技之长"有了基本保障，增强了学生就业创业和职业转换能力。

校企共同制定的"能力显现、工学结合、教-学-用-做四位一体"的要求是符合"集团化"企业实训基地建设实际的，创新"典型工作岗位所需职业技能"为先导的"一技之长"的人才能力培养是可执行的。专业营造了"技能改变命运"的积极文化氛围，引导学生专注于锤炼"一技之长"，全身心地投入，用心做一件事情并做到极致，这也充分体现了所倡导的"工匠精神"。

三、匠型人才培养实训体系

匠型人才的培养要紧紧依靠校内外实习实训基地的实践环境来实现。专业非常注重学生实践能力的培养，结合专业建设要求，积极搭建起校内外实习实训实践教学体系。

（一）实习实训室建设

积极争取和利用国家政策支持增添校内实习实训资源。专业在 2012 年申请了中央财政支持的职业学校专业服务能力建设项目，获得专业建设经费 130 万元。通过项目经费，在校内建设了消防工程概预算实训室，实训室配备专业化的实训教学软硬件，为学生具有消防工程概预算能力提供了保障;消防工程绘图实训室,专业的实训设备使学生对工程改图绘图技术掌握柔韧有余;安全防范系统实训室,智能化建筑成为当今社会的主流,通过该实训室,学生将智能消防与智能建筑更好地融合和实践;网络综合布线实训室,使学生能够更好地完成强弱电综合布线项目实训教学;物联网应用实训室,先进的实训设备及集成技术,让学生展开智能化对未来社会带来影响的美好憧憬,以及信息技术发展趋势;另外,还有电子技术实训室、计算机应用实训室、网络技术实训室等。

合作企业赠予学校实训设备。2017 年,北京四海消防公司主动为专业捐建消防系统综合模拟演练实训室主要设备,使企业参与教学有了新的方式,为企业与专业共同培养人才提供了更好的环境,不仅解决了专业校内消防综合实训室问题,还展现了企业乐意接受一体化育人的模式。在校内先进、完善的实训室为学生提供了硬件实习实训环境的同时,学校还聘请企业师傅到学校,与校内专职教师共同完成校内实训教学活动,增加学生直观的感受性和理实的感悟性。

(二) 利用校外实习实训资源

充分利用校外实习实训资源。专业受学校规模的限制,不具备将专业所需的所有实习实训设备设施健全的能力,所以利用外部实训资源是一个不错的选择。专业有些实训就是利用沈阳航空航天大学消防公共安全实训基地,让学生感受消防系统和消防电子系统功能和作用的实训教学;再则,利用沈阳电力培训中心资源,让学生进行电力设备配线真实环境的实际操作训练,完成实训教学任务后,经考试考核合格可获取全国电工进网作业许可证。

(三) 生产实践实训基地建设

由近 50 家企业组成的"集团化"联盟,有 42 家企业建立了校外实训基地,凸显了课程实施载体的有效性。在实训基地建设理论指引下,与"集团化"企业建立了紧密的合作关系,合作越来越深,实训基地的作用发挥得越来越好。尤其是在基于现代学徒制的师徒关系的建设上,师傅可很好地传授、培养学生的实践技能,再加上教师的配合,使工学结合达到较完美的程度。浙江交职院职业教育研究所所长龚建国教授说:"工学结合是实现知行合一的有效途径,工学结合的培养方式,遵循认知规律,把学习书本知识和培养劳动技能密切结合,学生既学习课本知识,又在理论指导下,通过师傅传帮带,学会操作技能,增强实践能力,提高人才培养质量。""集团化"的动态式"订单"人才培养模式,又实现了实训基地建设向纵深发展,以企业真实使用的设备(系统)为教学设备,以企业真实的工作任务为教学任务,以企业真实的工作环境为实践教学环境,实现了专业办学与真实情境一致,人才培养质量得到根本保证。

四、匠型人才品格培育

匠型人才具有的品格要求是什么? 如何在校企一体化育人培养中得以实现? 工匠精神是人类在社会活动过程中对待某种事务处理的要求提炼和概况,是人的一生不断追求的实践过程。匠型人才是指职业教育过程中培养人才的规格要求,需要通过某种培养方式(模式或途径)达到这一目标要求。专业培养匠型人才的目标要求主要包括两方面:一方面,培养学生干一行爱一行、专一行精一行的职业素养,培养学生与社会、与集体、与人协同认知、认同、互助的素质能力;另一方面,培养学生的专业学习能适应岗位的能力,即表现为能达到顶岗作业(需在师傅的引领下)的工作能力,知行合一,具有"一技之长",这就是所指的匠型人才的基本品格要求。

在实践中,专业始终把工匠精神贯穿到学生整个职业教育过程中,并使之成为学生价值观的重要组成部分。努力达到工匠精神对待事业精益求精的程度,使学生建立起走向社会时能一丝不苟对待产品和追求完美服务的意识。总之,学生具备匠型人才的技术技能和高尚品质,是特色鲜明的现代职业教育人才培养模式,必须凸显"一技之长"在岗位中的作用,明确岗位需求的"一技之长"内容并熟练掌握,完善校企一体化育人机制,探明匠型人才培养最佳路径。

五、匠型人才培养路线图

国家的发展需要大量技术上精益求精、品质上甘于奉献的匠型人才。实际上,培养匠型人才模式是多样的,但模式一般都存在缺少市场作用的问题。因此,探索市场规则下匠型人才培养模式就成为专业建设中的重要课题,合适的培养方式一定会提升人才培养的质量。在坚定的培养匠型人才的理念下,专业坚持不懈地进行理论和实践探索,并以校企联盟、"集团化"建设为平台,强化校企一体化育人过程,实施匠型人才培养。

一体化育人是现代职业教育所要求的,解决这一问题的出发点既要与现代职业教育的任务措施要求相适应,又要与取得的校企合作效果及理论实践研究成果相匹配。因此,其技术路线和实施步骤主要体现在校企一体化育人的水平上。一是有了较完善的校企合作的机制和较多的合作企业数量,以动态式"订单"培养人才,建立了联合招生的机制,使得校企一体化育人的匠型人才培养成为可能;二是双主体责任的落实,以企业师傅培养为主的企业新型学徒关系保障了实践教学任务有效完成,学生能依岗位要求具备一技之长,使得匠型人才培养的实施过程成为可能。落实了国务院《关于加快发展现代职业教育的决定》(国发〔2014〕19号)中"开展校企联合招生、联合培养的现代学徒制试点,推进校企一体化育人"要求。

在实践中,专业学生以现代学徒制的形式开展了一体化育人。现代学徒制与企业新型学徒制是不冲突的,企业新型学徒制的称谓更符合企业的现实状况,且与2017年12月国务院办公厅印发的《关于深化产教融合的若干意见》提出的"全面推行现代学徒制和企业新型学徒制"要求相一致。企业新型学徒制的建立解决了以下关键问题:一是学生从报志愿、入学就知道他们在企业和学校的双重教育主体下接受高等职业教育;二是专业招生数与"集团化"联盟用工数相匹配,实行动态式"订单"人才培养;三是企业人员积极参与专业建设、课程开发并定期和不定期的到校授课;四是顶岗实习时,教师和学生一起入驻企业,参与实践教学活动,并负责学生的安全、心理疏导等问题;五是企业选派业务骨干担任学生的师傅并指导实践教学活动;六是学生知道只要好好学习工作,自己就有极大可能留在顶岗实习的企业。学生在顶岗实习期间按企业职工管理,以企业主人的身份工作并领工资,摆脱了打工心态,吃了职场"定心丸"。

2017年,建立的辽宁省安保产业校企联盟基地又为专业匠型人才培养提供了新的途径和新的资源。联盟基地在学校设置了培训机构,肩负着为企业培训消防人才的任务。专业教师参与培训教材的编写、培训课程的讲授、培训实践教学及培训考核等过程,这同时也提升了专业教师的自身能力和素质。学生也可以在校内联盟基地体验企业的消防培训,聆听培训课程,参与培训实践教学,感受企业文化,深化了校企一体化育人内涵,匠型人才又添了新的培养环境。

基于理论的认识和实践的积累,校企一体化育人的匠型人才培养具体技术路线为:不断总结防火管理专业校企合作经验教训→梳理近年来校企合作方面理论与实践研究成果→确定岗位一技之长要求的核心内容→厘清校企一体化育人校企双方各自责任→强化"集团化"实训基地建设平台→构建工匠型人才培养的途径→实现校企一体化育人目标。其中,着重点放在"集团化"实训基地学生顶岗实习的实践教学活动上,即岗位见习、跟岗实习、实际操练能力递进式实践教学层次体系,实现学生由校园人到准职业人,再到职业人的角色的完美蜕变。

专业毕业生已经成为辽宁地区消防工程领域不可忽视的骨干力量。2017年,北京四海消防公司一次性预定了本专业四分之一的学生进行顶岗实习,并参与了北京地标性建筑——中国尊项目的消防工程项目施工,并且专业匠型人才得到了企业的高度认可,初次合作,北京四海消防公司就无偿捐助了学校消防系统整套实训设备。2018年和2019年,该公司又陆续在学校预定并选定10名学生到公司进行顶岗实习,前期结束实习的部分优秀学生被企业录用为正式员工,签订正式劳动合同,初期月薪5000元。

第四节　匠型人才培养的效果评析

校企一体化育人的匠型人才培养为人才培养增添了一种新模式。在实践中,模式的实施效果是明显的,人才质量是高的,待到学生毕业时是被企业高度认可的。但"集团化"联盟外的企业基本无望聘到专业的学生,与此同时,也使这些企业有了积极加入"集团化"联盟的行动机会,扩大了实训基地建设范围,为匠型人才培养又增加了新的动力,目前的专业建设效果受到行业企业广泛关注。

一、培养模式可借鉴性

校企一体化育人的匠型人才培养模式,让更多的企业参与到了专业建设中,尤其是顶岗实习环节的参与并主导实践教学活动,大大增强了学生获得实践的能力,也为形成校企共融的办学理念提供了条件,将企业精神、工匠精神融入教育教学中,学生获得了企业需求的职业素质和匠型技术技能。校企一体化工匠型人才培养实践取得的成效,不仅对本专业产生影响,而且正在影响着学院其他专业的校企一体化育人的良性发展。2018 年,专业校企一体化育人的工匠型人才培养模式正在被系里其他专业效仿,并且经过一年培养实践,已经取得显著效果。2016 级公安管理专业、信息技术专业、网络监察专业的学生也都被大量企业预定顶岗实习,校企一体化育人模式将影响约 3 000 名学生的培养。模式实践结果是可以推广的,其最为重要的原因就是模式坚持了高职教育规律和市场引导作用,并以此展开一系列符合实际的理论研究和实践探索。

二、明确岗位需要一技之长

2016 年 4 月,召开的校企对接座谈会为学生学习获得一技之长奠定了良好的指导基础。以企业工作岗位需求的消防系统项目为核心,与会企业代表就需要的一技之长进行了深入的分析和研讨,包括对消防水、消防电、防排烟、气体灭火四个子项目进行一技之长的技能标准的确定。同时,对岗位一技之长职业能力证书进行评估,并确定专业职业能力证书包括电工进网作业许可证、工程 CAD 证书、初级建(构)筑物消防员职业资格证书,学生职业资格证书考取率均达到 95%,且通过率为 100%。

在人才培养实践中,专业始终把工匠精神的基本品格及要求贯穿专业教育教学整个过程。聘请企业人士到校对企业文化、企业技术技能、职业精神等进行宣讲,使学生在校理论学习期间不仅学到专业基础知识和技能,还能不断提升职业素质。企业实训基地的实践教学赋予了培育一技之长的环境,使学生达到工匠型人才品格的基本要求,具备了企业要求的工匠精神。

三、厘清双主体责任

校企一体化育人机制的建立,核心是在章程中明确了校企共同培养学生的各自责任,这主要体现在顶岗实习环节上。而在顶岗实习前签订学校与企业、学生与企业、学生与学校为期一年的顶岗实习协议,协议明确指出顶岗实习期间,学校、企业、学生各自的责任和义务,学校指导教师和企业师傅各自的责任和义务,以及学生、学校和企业在顶岗实习阶段三方各自的任务。专业教育教学前两年实施"学校为主导,企业为辅助"模式,后一年实施"企业为主,学校为辅"的模式。

四、提升社会服务能力

校企一体化育人的匠型人才培养的实施,提升了专业社会服务能力。2017 年 5 月,辽宁安保产业校企联盟在我校建立,防火管理专业作为安保联盟的专业群之一,肩负着为联盟成员培养消防管理及技术人员的任务。在学校建立培训基地,联盟集团里的企业将大量的培训任务放在了学校,形成了为企业服务,为企业培训消防人才的模式,校企合作提升到新高度。这不仅为企业培养了学生,还能够实现对企业员工的再培训,彰显了职业教育一体化育人为社会服务的理念和实践过程。

实践证明,专业校企一体化育人的工匠型人才培养模式是有效的,基于信息技术设计"123"核心课程体系是得到企业充分认可的,不断进行的理论创新和实践创新的方向是正确的,专业为社会服务的能力是在不断上升的。

五、匠型人才培养效果

(一) 校企一体化育人综述

校企共建一体化育人模式使学校培养的学生更加符合企业岗位需求,企业参与学校教学,对专业建设、课程建设、学生培养的认可度更高,在顶岗实习教学环节呈现了可喜的成绩。

2016 年 5 月,2014 级学生进入了顶岗实习阶段,"集团化"实习企业共有 11 家来学校招聘学生,共招聘 40 名学生参加顶岗实习。这些企业为辽宁奥兰机电设备安装工程公司、沈阳鑫安消防工程有限公司、沈阳市大润泽消防工程有限公司、辽宁久安消防(集团)有限公司、辽宁国顺消防安保有限公司、辽宁鑫源消防机电工程有限公司、沈阳市浩安工程有限公司、沈阳辽原物业管理有限公司、杰之捷实业有限公司、沈阳班尼德瑞物业有限公司、锦州智多消防工程有限公司等。在这些招聘企业中,有的企业招收学生的数量不多,但辽宁奥兰机电设备安装工程公司仍一次性又招收了 13 名学生,而以往很多顶岗实习学生在顶岗实习结束后都会被公司聘用为正式员工,公司也是"集团化"联盟中的重要成员。辽宁国顺消防安保有限公司招聘的冷雯主要从事消防系统施工过程中的 CAD 图纸改绘工作,她凭借在学校学习的扎实的 CAD 绘图基本功,在顶岗实习中很快地将理论应用到实践中,满足了实习岗位的绘图技术要求。同时,学校的警务化管理培养了她面对困难敢于拼搏的精神。实习期间,她长期驻扎在大连的项目工地上,不怕脏、不怕苦,出色地完成了实习项目,得到了企业的赞扬。实习结束后,企业经理给学校打来了电话,表达了对学校育人的认可。

2017 年 5 月初,有 8 家企业来到学校进行校园招聘,2015 级防火管理专业共有 37 人被录用,当年专业共 46 人,9 人自主实习。这 8 家企业为北京四海消防工程有限公司、沈阳鑫安消防工程有限公司、北大青鸟沈阳青鸟安全技术有限公司、辽宁国顺消防安保有限公司、沈阳聚海消防工程有限公司、辽宁天淼消防检测有限公司、辽宁恒安消防工程技术服务有限公司、沈阳志安消防工程有限公司。北京四海消防工程有限公司是北京很有名气的企业,其主要和全国排名前十的地产商合作,当年共招聘了10名优秀的学生参与北京中国尊工程项目。这个项目提升了专业学生顶岗实习的档次,也提升了专业的知名度,顶岗实习结束后,这10名学生中有3名学生被公司录用为正式员工,其他7名学生在北京、重庆都找到了心意的消防工作,月薪为5000元左右。参加沈阳聚海消防工程有限公司实习的张富超由于在实习期间表现出色,实习结束后被公司录用为正式员工,并且在企业师傅的带领下,单独负责公司的一个项目,经过2年多的工程实践锻炼,张富超很快成长为公司的青年骨干力量。

2018年,有7家集团企业来校招聘,分别为北京四海消防工程有限公司、辽宁杰之捷建筑工程有限公司、辽宁金辰消防工程有限公司、辽宁志安消防工程有限公司、辽宁鑫安消防工程有限公司、大连华威建安机电工程有限公司、辽宁百标消防检测有限公司,共招聘学生42人,招聘率100%,专业对口率80.2%。其中,辽宁鑫安消防工程有限公司是2008年就开始与学校进行合作的企业,随着单位规模和业务的不断扩大,目前已经形成每年10名学生的稳定需求量,并且经过顶岗实习,优秀的学生都被录用为正式员工。2006级的赵越超一直在此公司工作至今,目前为公司的项目经理。辽宁金辰消防工程有限公司是与最早学校合作的公司,第一届专业学生就曾在该公司顶岗实习,这是一家与学校共建培养一体化学生的优秀企业,当年第一次顶岗实习的7名学生一到公司,公司技术副总史总就将办公区域的所有报警设备拆除,让学生重新查阅规范,重新安装。这对于刚走上实习岗位的学生是一次很好的历练。经过公司的指导和培养,这些学生都成了公司的骨干力量,这也是我们早期校企一体化育人的雏形。

2019年5月,先后有15家企业来学校招聘,有62名学生(共有学生77名)被选定,15名学生选择自主实习。这15家企业为北京四海消防工程有限公司、辽宁华安消防工程有限公司、沈阳普安消防工程有限公司、大连华威建安机电工程有限公司、辽宁志安消防工程有限公司、沈阳保琪消防工程有限公司盘锦分公司、大连嘉合机电设备安装工程有限公司、广东众强消防技术咨询有限公司、龙兴消防工程有限公司、抚顺国顺消防安保有限公司、辽宁峻唯建设有限公司、辽宁宇泰建设工程安装有限公司、辽宁金浩宇建设工程有限公司、沈阳建久安消防工程有限公司、辽宁广盛消防技术检测有限公司。

在校企共建一体化育人模式下,"集团化"企业以辽宁为基础,扩展到北京、广东、重庆等地区。学生经过顶岗实习后,更是在全国范围内优秀的地产企业、消防行业企业就业、择业,专业实现了育人的目标,被"集团化"企业称为专业人才的"黄埔军校",实现了为社会培养符合需求的匠型人才目标。

（二）毕业生成长自述

林辛澎同学自述

我是2018届防火管理专业的林辛澎,现任北京四海消防工程有限公司项目经理。"顶岗实习是每一位毕业生必须拥有的一段经历,为我们以后进一步走向社会打下坚实的基础,是我们走向工作岗位的第一步。"这是我对母校"2＋1"教学顶岗实习环节最深刻的认识。

随着2017年春天的到来,我的大学理论学习生涯即将结束,此时正值顶岗实习招聘的时节。北京四海消防工程有限公司(原名为北京市消防工程公司,简称"北消")成立于1989年,独立法人企业。公司注册资本金1 286万元,资产总额5 894万元,具有消防专项设计甲级资质、消防施工一级资质、机电安装三级资质、智能化三级资质。公司来我校进行校园招聘工作,通过层层选拔,在本届学生中挑选10名到该公司进行顶岗实习工作,我有幸成了其中的一员。

能得到这次顶岗实习的机会,源于我在校期间品学兼优,勤奋好学。我荣获过个人三等功、2015—2016年度国家励志奖学金等荣誉,并且荣幸地加入了中国共产党。

2017年6月—2017年8月,我参与了中国尊项目。该项目位于北京市商务中心(CBD)核心区Z15地块,这是北京未来的新地标(中信集团总部大楼,北京第一高楼)。中国尊总建筑面积约43.7万平方米,其中地上108层,地下7层,建筑高度528米,集写字楼、会议、商业等多种配套服务功能于一体,可容纳1.2万人办公。在项目施工期间,我将在校学到的消防系统相关知识与实践相结合,融会贯通。

2017年9月—2019年6月,我参与了北京龙湖新孙河景粼原著一期、二期、三期消防工程项目。消防工程前期,我负责进场对消防水系统、消防电系统施工方案编制,对施工队伍进场前施工技术交底;消防工程中期,对施工现场交叉作业与各单位交涉、协调;后期,启动消电检、消防验收,与各单位的配合,交底。最后,我对施工资料编制汇总,配合物业单位进行承接查验、移交及运维工作。

我是北京四海消防工程有限公司首次选定母校的顶岗实习学生,一年顶岗实习期满,毕业后我与公司签订了就业协议。至此之后,每年公司与母校本着学生自愿的原则,都有10名左右的学生到公司进行顶岗实习,实习结束后,适合企业的学生会留下来签订正式的劳动合同,成为企业的一员。学生通过校园理论知识的学习,与企业提供的实践相结合,达到专业知识的新高度,我就是母校"2＋1"培养的成功案例。

通过顶岗实习,我对防火管理专业(工程技术方向)的专业领域、专业知识及技能都有了更加深刻地理解,无论是从学习角度,还是从专业技能角度,我都有了飞速的提升。

最后,祝愿母校明天更加美好,愿学弟学妹们在专业领域有所作为。

2019年6月

第六章　信息化助力专业匠型人才培养

现代匠型人才培养离不开信息技术的支撑，一是教学课程与教学指导信息化、教学信息平台化；二是学生管理与学生就业信息化。这些都离不开"互联网＋"这个平台，其理论研究与实践主要依托辽宁省高等教育学会"十三五"2016 年度立项课题"'互联网＋'助力工匠型人才培养研究"成果（2016 年 5 月立项，项目编号：GHYB160220；2018 年 5 月结项，证书编号：GHJT201801048），在这一过程中，专业建设团队成员发表了《"互联网＋"助力工匠型人才培养实践探索》《浅析信息化教学在职业教育"工匠型"人才培养中的作用》论文，积极落实《国家职业教育改革实施方案》（国发〔2019〕4 号）"互联网＋职业教育"要求，以及落实 2016 年 4 月召开的"防火管理专业落实高职创新行动发展计划"校企对接座谈会精神，深化产教融合，加强校企合作，密切工学结合，培养更高质量的匠型人才。

第一节　"互联网＋职业教育"时代的呼唤

互联网的迅速发展极大地影响着人们的思想观念、行为习惯及日常生活，在高等职业教育中，这种影响和变化主要体现在教育方式、教学观念、教学内容、教学方法、教学载体和评价方式等方面。早在 2005 年，《国务院关于大力发展职业教育的决定》（国发〔2005〕35 号）中就指出："进一步深化教育教学改革，加强职业教育信息化建设，推进现代教育技术在教育教学中的应用"。2006 年 11 月，教育部《关于全面提高高等职业教育教学质量的若干意见》（教高〔2006〕16 号）中要求："要充分利用现代信息技术，开发虚拟工厂、虚拟车间、虚拟工艺、虚拟实验"，以改变教育教学手段和方式，提高教育教学质量，增强教育教学效果。职业教育信息化从国家层面始终高度重视，时时指导，现将近十年来国家对职业教育信息化建设要求进行梳理，以深入理解信息化对职业教育影响及变革的深刻意义

一、2011—2015 年间政策要求

2011 年 8 月，《教育部关于推进中等和高等职业教育协调发展的指导意见》（教职

成〔2011〕9 号）中指出："改造提升传统教学，加快信息技术应用。推进现代化教学手段和方法改革，加快建设宽带、融合、安全、泛在的下一代信息基础设施，推动信息化与职业教育的深度融合。"

2011 年 8 月，《教育部关于推进高等职业教育改革创新引领职业教育科学发展的若干意见》（教职成〔2011〕12 号）中指出："加强职业教育信息化建设。大力开发数字化教学资源，推动优质教学资源共建共享，拓展学生学习空间，促进学生自主学习。搭建校企互动信息化教学平台，探索将企业的生产过程、工作流程等信息实时传送到学校课堂和企业兼职教师在生产现场远程开展专业教学的改革。"《意见》要求可以理解是以互联网为基础，进行教学改革的要求，也就是所说把"互联网＋教育"融入职业教育中去，创新教育教学模式，提高教育教学质量。"互联网＋"一词最早可以追溯到 2012 年 11 月，由易观国际董事长兼首席执行官于扬首次提出"互联网＋"理念。

2014 年 5 月，《国务院关于加快发展现代职业教育的决定》（国发〔2014〕19 号）中指出："提高职业教育信息化水平。加强对信息化建设的统筹规划和部署，推进职业教育资源跨区域、跨行业共建共享，逐步实现所有专业的数字化资源全覆盖。支持开发与专业课程相配套的虚拟仿真实训系统。推广教学过程与生产过程实时互动的远程教学。加快信息化管理平台建设，完善职业院校学生学籍等信息管理系统。加强现代信息技术应用能力培训，将现代信息技术应用能力作为教师评聘考核的重要标准。"

2015 年 6 月，《教育部人力资源社会保障部关于推进职业院校服务经济转型升级面向行业企业开展职工继续教育的意见》（教职成〔2015〕3 号）中指出："提高信息化建设与应用水平。鼓励职业院校与行业企业、高等学校、专业机构等合作，搭建网络学习平台和移动学习平台，整合优质资源与专业服务，面向企业职工开设继续教育网络课程和在线培训项目。鼓励职业院校与行业企业共同开发虚拟仿真实训系统，推广培训过程与生产过程实时互动的远程教学。"

2015 年 7 月，《教育部关于深化职业教育教学改革全面提高人才培养质量的若干意见》（教职成〔2015〕6 号）中指出："广泛开展教师信息化教学能力提升培训，不断提高教师的信息素养。组织和支持教师和教研人员开展对教育教学信息化研究。继续办好信息化大赛，推进信息技术在教学中的广泛应用。要积极推动信息技术环境中教师角色、教育理念、教学观念、教学内容、教学方法以及教学评价等方面的变革。"

2011—2015 年，职业教育信息化建设要求主要有三个特点：一是以互联网为基础搭建信息交换平台，进行"互联网＋"的教育教学改革；二是结合专业实际开发虚拟仿真课程，提高学习效果；三是以信息技术应用能力作为要求，教师要进行全方位的教育教学改革。这个时期主要利用 PC 端学习网站去解决"互联网＋"教育教学问题，学习条件不够灵活，往往受到一定限制。

二、2016—2019 年间政策要求

2017 年 12 月,《国务院办公厅关于深化产教融合的若干意见》(国办发〔2017〕95 号)中指出:打造信息服务平台。鼓励运用云计算、大数据等信息技术,建设市场化、专业化、开放共享的产教融合信息服务平台。依托平台汇聚区域和行业人才供需、校企合作、项目研发、技术服务等各类供求信息,向各类主体提供精准化产教融合信息发布、检索、推荐和相关增值服务。

2018 年 2 月,教育部等六部门印发《职业学校校企合作促进办法》(教职成〔2018〕1 号)中指出:鼓励有关部门、行业、企业共同建设互联互通的校企合作信息化平台,引导各类社会主体参与平台发展、实现信息共享。

2019 年 2 月,中共中央办公厅、国务院办公厅印发《加快推进教育现代化实施方案(2018—2022 年)》中指出:大力推进教育信息化。着力构建基于信息技术的新型教育教学模式、教育服务供给方式以及教育治理新模式。促进信息技术与教育教学深度融合,支持学校充分利用信息技术开展人才培养模式和教学方法改革,逐步实现信息化教与学应用师生全覆盖。创新信息时代教育治理新模式,开展大数据支撑下的教育治理能力优化行动,推动以互联网等信息化手段服务教育教学全过程。加快推进智慧教育创新发展,设立"智慧教育示范区",开展国家虚拟仿真实验教学项目等建设,实施人工智能助推教师队伍建设行动。构建"互联网＋教育"支撑服务平台,深入推进"三通两平台"建设。

2019 年 3 月,《教育部财政部关于实施中国特色高水平高职学校和专业建设计划的意见》(教职成〔2019〕5 号)中指出:提升信息化水平。加快智慧校园建设,促进信息技术和智能技术深度融入教育教学和管理服务全过程,改进教学、优化管理、提升绩效。以"信息技术＋"升级传统专业,及时发展数字经济催生的新兴专业。适应"互联网＋职业教育"需求,推进数字资源、优秀师资、教育数据共建共享,助力教育服务供给模式升级。提升师生信息素养,建设智慧课堂和虚拟工厂,广泛应用线上线下混合教学,促进自主、泛在、个性化学习。

2019 年 4 月,教育部等四部门印发《关于在院校实施"学历证书＋若干职业技能等级证书"制度试点方案》的通知(教职成〔2019〕6 号)中指出:加强信息化管理与服务。建设 1＋X 证书信息管理服务平台,开发集政策发布、过程监管、证书查询、监督评价等功能的权威性信息系统。参与 1＋X 证书制度试点的学生,获取的职业技能等级证书都将进入服务平台,与职业教育国家学分银行个人学习账户系统对接,记录学分,并提供网络公开查询等社会化服务,便于用人单位识别和学生就业。运用大数据、云计算、移动互联网、人工智能等信息技术,提升证书考核、培训及管理水平,充分利用新技术平台,开展在线服务,提升学习者体验。

2016—2019 年,职业教育信息化建设要求主要体现三个特点:一是促进新信息技术、智能技术在教育教学新模式和管理服务中进行运用;二是建设智慧课堂开展线上线下混合教学,促进自主、泛在、个性化学习,并强调"互联网＋"的作用;三是以国家开放大学开发的职业教育国家学分银行信息平台,将学习成果认定积累、学分转换,适应不同学习者。现在的学生人手一台智能手机,到处有 WiFi,可以随时利用"互联网＋"进行职业教育和灵活自主学习。

第二节　"互联网＋"助力专业建设

"互联网＋职业教育"是随着当今科学技术的不断发展,互联网科技与教育领域相结合的一种新的教育教学形态。这不仅有利于学生个性学习,帮助他们增长知识、开阔视野、启迪智慧、迅速成长,而且还能更有效地刺激学生的求知欲和好奇心,更能有效地养成学生独立思考、勇于探索的良好行为习惯,全面教育和培养高质量的人才。

一、"互联网＋"专业教学

应用"互联网＋"平台,把信息化融入专业教学中,将有利于提高教学效果。"互联网＋专业教学"体现为专业课程教学的全过程,在课前布置预习作业,课后布置作业,批改作业等环节都可以应用教学软件完成,如蓝墨云班课、课堂派、雨课堂等,这些 App 软件能够对学生的成绩进行直观的分析与管理,有利于教师分析学生预习情况,在课堂上有针对性教学,有利于分析学生作业掌握情况;在考查学生出勤环节可以应用软件进行点名,与传统课堂相比节省了大量时间;在课程教学过程中,教师可以通过平台的教学资源,将 Flash 动画、思维导图、模拟软件等信息化教学手段应用到课程知识点讲解中,使学生易懂、爱学,提高教学效果;应用"互联网＋"平台,将传统的课堂、课程、课本逐渐实现"网络变身",课本变身为网络资源,课程变身为慕课,课堂变身为翻转课堂。实现了学生由被动学,变为主动学,教师节省了教学时间,提高了教学效果。通过"互联网＋"专业教学平台,满足互联网、云计算、大数据时代的智慧教育需求,整合符合专业教学特色的教学资源,为每个学生提供适合的课程与教学内容,课程的实施需要根据每个学生的个性、兴趣、特长和能力进行"课程定制"和"教学设计"。同时,教师通过积极参加教育部及省教育厅举办的教师信息化大赛,提高了信息化运用能力和实际教学水平,彰显了实力的提升,有利于信息化教学手段的丰富,为培养匠型人才提供了新的教学资源,解决和实现了信息化教学的可持续发展基本问题。

"互联网＋"主要教学绝不是简单地将教学从线下演变成线上线下混合,不能抱着单纯做加法的心态,而是要着力树立新的教育理念、打造新的专业教育体系,实现教学融合创新的最大共赢值,助力专业教育公平化、个性化、智慧化发展①。因此,教师首先要树立信息化观念。在各个教学环节要充分利用信息化手段,要懂得通过互联网获取知识的方法、途径、手段并将其传授给学生,切忌照本宣科。其次,要树立互联网意识。要充分利用互联网资源生动、形象、新颖的特点,创新教学方法、手段、途径和载体,增强教学的吸引力;要不断挖掘和完善新的教学创意,设计新的教学过程及个性化训练方案,实现有效教学。再其次,要强化学生学习能力培养的意识。教师要注重传授通过互联网获取知识、对网络资源进行准确性辨别和整理归纳的方法,引导学生把课堂学习和利用互联网学习有机结合起来,培养他们以互联网为载体进行创新学习、自主学习、快乐学习的能力。最后,要树立多元化的评价观。要充分利用互联网使用方便、快捷、参与面广的特点,创新评价方式,实现评价主体、途径、内容的多元化,坚持自评、互评和教师评价相结合,网上评价与课堂评价相结合,知识评价、态度评价与能力评价相结合②。

随着人工智能智慧化进入教育领域,推动了智能学习系统、虚实融合学习环境、智能教育助理等智能系统和工具的开发与供给,智能教育环境建设已现端倪。实现机器智能与人类(教师)智慧相融合指向学习者的高级思维发展、创新能力培养,启迪学习者智慧的新教育。教师作为人工智能融入教育的直接利益相关者,具备利用人工智能学习系统和工具开展教学的知识与技能传授,提升人工智能技术素养显得十分重要。当前人工智能教育产品正在快速进入学校与课堂,为教师利用人工智能技术实现教学创新提供了支撑。例如,智能诊断助力教师优化课堂教学,学习分析技术助力教师开展规模个性化教学,课堂智能分析助力教师精准教研,智能学习系统助力教师提升教学质量,人工智能助力教师家校协同③。

二、"互联网+"技术技能

技术技能人才培养一直是职业教育的核心内容。专业在人才培养过程中,以背靠消防行业,依托消防企业组建的联盟为平台,采取"集团化"方式运作,由企业的师傅和学校老师具体共同承担人才培养任务,形成一体化育人模式。利用"互联网+"平台,企业师傅将工程案例、工作流程融入教师的课堂教学中,使学生在学校接触的案例就是工作过程中的真实案例,提高教学的真实性、认知性,使教学更加接地气。企业师傅远程进行案例技术技能指导,将企业实践与专业理论相结合,提高学生分析案例,处理问题能力。"互联网+"平台拉近了学生与企业,教师与企业的距离,提高了学生的技能培养。防火管理专业学生在校期间考取全国高压电工证书、电工进网作业许可证

① 李慧玲.系列"+"释放职教发展新动能[N].中国教育报.2019-5-21(9).
② 曾琦斐.用好"互联网+"革新高职教学[N].中国教育报.2018-7-10(11).
③ 郭绍青.人工智能助力教师教学创新[N].中国教育报.2019-8-3(3).

书、CAD 中级绘图技能证书、建(构)筑物消防员职业资格证书等职业技能证书,获得了企业的认可,这些职业资格证书的获取,在一定程度上都与"互联网＋"平台有着密切的相依关系。

随着"互联网＋"的智能化扩展到整个工作环境中,对学生的关键职业能力提出了更高要求,这些关键能力只能在工作过程中学习和获得,同时离不开高度灵活、个性化和数字化学习模式,工作岗位成为重要的学习场所。因此,创设具有"学习潜力"的工作岗位能力,是职教课程开发需要解决的关键问题。新课程模式下的"互联网＋"学习平台就是帮助学习者完成特定工作领域、工作环境和工作条件下的综合性工作任务,通过信息化技术支持"针对复杂工作内涵"(工作对象、工具材料、工作方法、劳动生产组织形式和工作要求)的学习。"互联网＋"学习平台就是按照"以学习者为中心"的原则设计,强调知识构建和反思等设计性功能,帮助学生理解学习对象,掌握岗位核心技术技能。"互联网＋"平台上运作的课程内容和组织方式应与学生学习能力相适应,遵循工作过程导向和行动导向原则且满足企业生产安全的要求[①]。

三、"互联网＋"共同育人

专业在办学过程中,始终坚持将"互联网＋"融入育人全过程。首先,在专业人才培养方案的课程体系制定过程中,邀请企业参与其中,形成了以物联网技术为基础的消防系统为核心,掌握消防工程预算、绘改图、施工三项技术技能的课程体系,基本实现了在"互联网＋"平台的校企共同教育教学,不断创新教育教学方式和方法;其次,在招生培养上,利用"互联网＋"平台,将实习企业形成企业群,企业根据自身需求,制定培养计划,学校根据企业需求,有针对性地开展教育教学活动,使学生的"动态式"订单培养如虎添翼;最后,在学生具体顶岗实习环节,学生到企业由企业为其制定详细顶岗实习方案,企业师傅亲自指导,以师傅带徒弟的方式进行培养,学校教师通过"互联网＋"平台对多家企业的学生进行相应的教育教学统筹监管、及时评价,成为学生辅助培养导师,企业参与到教育教学中并且成为主体,显现出企业办学主人公身份,充分彰显了借助"互联网＋"平台,实现校企共同育人的职业教育的本质要求。

四、"互联网＋"就业

在"互联网＋"的环境下,为职业院校学生的就业提供了更加广阔的平台,学生通过网络平台实现就业择业一体化。教育部对职业教育顶岗实习作出了明确的规定,按照此规定,学生完成相应的顶岗实习环节,考核合格后便进入就业环节。以防火管理专业(工程技术方向)学生为例,学生在大二课程结束后按照教育教学进程统一安排,本着实习企业与学生自主双向选择的原则进入带薪顶岗实习阶段,在此阶段学生实现

---

① 周衍安.职教大发展需要新的课程模式[N].中国教育报.2019-5-21(11).

了对企业文化的认知、融入,实现了对专业理论能与实践的结合,实现了对岗位角色的转变,实现了对行业渐入佳境的情怀,顶岗实习结束后,企业师傅与学校教师对学生进行考核并进入毕业择业阶段,此时的学生角色和身份也有所转变,已经成为企业的技术力量,为就业奠定坚实的基础。利用"互联网十"数据平台,学生进行自主就业和择业。例如,2017年,专业有10名学生通过"互联网十平台"对在北京四海消防公司进行顶岗实习教学活动指导及管理,2018年5月实习结束后,学生通过自主选择就业,有的学生仍然留在北京四海消防公司,月薪约为4 000元,年底有项目奖金,还有的学生在北京选择了其他的公司,月薪约为5 000元。通过就业平台,满足了学生和企业各自的需求,实现了学校培养人才的初衷和目的。

五、"互联网十"校企合作

校企关系是职业教育最为关键的一对关系。随着"互联网十"、大数据、云计算和智能制造的发展,企业的产业结构逐步调整,职业岗位更迭越加频繁,校企合作重点将向两个方面转移:一是围绕人才培养的共生关系深化,二是基于区域竞争的互助关系拓展。这是因为职业人才动态化调整将增加企业人力资源的培训成本,大中型企业尚可自我培训员工,中小企业则寄望于职业学校。信息化时代推动校企从合作与伙伴到共生与互助,将人力资源供给与需求将二者相对紧密地联系在一起。而"零时差"的培养学校难以独自完成,企业的配合和支持将逐渐转为自身主动行为,企业主动实施的工学结合、现代学徒制、一体化育人等培养模式将更加广泛,使得校企关系将从"合作"走向"共生"。与此同时,互联网广阔的信息平台,使得跨地域的校企合作与学生就业变为可能,基于全产业职业能力的人才培养有可能成为产业链中的重要一环,校企关系逐渐从"伙伴"走向"互助",共同培养人才提升质量,使学生在"互联网十"平台下实现更好的就业①。专业"互联网十"校企合作主要表现在校企联盟的运行,"集团化"实训基地建设,一体化育人的过程,以及学生实践教学的管理与评价,快捷便利的信息化手段,大大提升校企合作工作的效率,积极促进了校企合作水平的提升,使专业的校企合作质量达到了较高程度,颇有特色。

在"互联网十"这个社会互联网发展的新业态下,按照市场规律,遵循职业教育内涵,将"互联网十"融入专业的教育教学中,必将培养出更加符合社会需求的高质量人才。

第三节 "互联网十"助力匠型人才培养

"互联网十"代表着最新的技术和最科学的方法,匠型人才培养代表着最传统的教育理念和最朴实的教育目标。将"互联网十"同匠型人才培养相嫁接,体现出两层含

---

① 王启龙.职业教育如何步入"互联网十"时代[N].中国教育报.2017-1-3(9).

义：其一，为"互联网＋"增加了深厚的渊源和内涵，不似浮萍一般；其二，为匠型人才培养添加新的发展动力和创新的发展方向。一古一今，一为根本一为手段，一为方向一为内涵，相得益彰，互为补充。

一、"互联网＋"匠型人才培养的认识

专业以工程技术岗位或管理工作岗位的视角，凭借"互联网＋"的平台，探索工匠型人才培养的有效途径。工匠型人才应具有两个方面的主要特质，一是有较好的职业品德塑造；二是教学上实现一技之长的培养目标，且要有更好地掌握，技术技能上精益求精。传统上通过师傅带徒弟形式完成培养过程，随着信息技术的发展及其引起的工作过程、工作机制变化，对岗位人才的要求也发生了深刻的变化，对匠型人才越来越渴望。因此，基于互联网思维来思考问题，用"互联网＋专业""互联网＋技能""互联网＋技术""互联网＋管理""互联网＋就业"等搭建的平台，构建培养匠型人才的"助推器"，助力匠型人才的培养。这里所说的"互联网＋"不是将"专业""技能""技术""管理""就业"等内容简单地叠加在互联网上，而是将人才培养过程的新要求、新方式、新途径与互联网完美的统一结合起来，是教育教学模式的一种创新，是探索匠型人才培养的有效性问题。2016年，专业负责人讲授的"消防给水"课程获得了全国信息化教学大赛一等奖，并被省教育厅聘为省信息化教学大赛评委。2017年，专业教师"湿式自动喷水系统组件及工作原理"课程获省信息化教学大赛三等奖。2018年，"避难诱导与现场救助"课程获得省信息化教学大赛二等奖。未来，VR技术的广泛使用，以匠心打造立体视觉硬实力，打破时间、空间、经验、认知界限，让"教"更直观，让"学"更有趣。通过"互联网＋"平台易让学生找到自己的兴趣、特长所在，专注于"一技之长"，或许才是良方。当学生心无旁骛、真正投入钻研一项技能之时，内心便会有了方向，精力就有了去处，而不是终日无所事事，空虚无聊。我们所倡导的"工匠精神"，就是用心做一件事情，这种行为来自内心的热爱，源于灵魂的本真，不图名、不为利，只是单纯地想把一件事情做到极致。专业岗位都会有自己的专业技能，能在市场中与人竞争的才是有效技能、核心技能。专注于一项技能，全身心地投入，反复地锤炼，反复地实践，从中逐步收获愉悦和自豪感，这样的人生必然是充实的，而不是空虚的。

随着互联网思维认识的加深，"互联网＋"的内涵也会不断丰富，现代职业教育会向纵深发展，凭借"互联网＋"助力匠型人才培养将会提升教育教学的有效性和便利性，使培养的技术技能型人才应用到社会领域中。实践中，以互联网思维为引导，凭借"互联网＋"平台，以防火管理专业企业新型学徒制的师徒关系建设为基础，探索匠型人才培养的有效途径，构建匠型人才培养模式，实现"互联网＋"助力匠型人才的培养。

二、"互联网＋"助力人才培养主要措施

教学内容是教学的中心，基于"互联网＋"平台实现专业教学创新性改革，必然围

绕人才培养目标、紧扣教学大纲进行教学方式创新。

（一）助力一技之长能力的培养

与非"互联网＋"的校企合作教学不同，专业"互联网＋"助力匠型人才的培养目标是完成"匠型的典型工作任务"所需的基于工作岗位的一技之长，并在真实的工作情境中获得"工作过程知识"。专业在"互联网＋"平台校企共同培养匠型人才中，实施"2＋1"工学结合的培养模式，学生在校专业学习两年的教学过程中，采用基于匠型工作任务的项目化教学方式方法，运用好"互联网＋"平台，在校园内部营造"技能改变命运"的积极文化氛围，引导学生专注于锤炼一技之长。基于企业工作岗位的项目消防系统为核心，包括消防水、消防电、防排烟、气体灭火四个子项目，所需的技能和能力主要体现为消防工程及施工、电子电工、CAD绘图、工程造价、工程布线等技术。在教学过程中以消防系统项目为载体，"互联网＋"为手段，依托校内一体化教室、校企共建的实训室或校外实训室，以及企业实训基地和施工现场，进行教、学、练、做一体化教学，学生在实践中通过自身的行动，不断学习知识，提高技能，解决实际工作中的具体问题，提高学生的一技之长能力。

根据专业原有人才培养方案实践经验，结合合作企业岗位需求，提出并形成了基于互联网现代信息技术的人才培养方案的优化设计。该方案融合了企业的岗位需求，指明了实现培养学生一技之长的路径。例如，在专业岗位需求中要求学生具有改绘图能力、工程造价能力、工程施工现场技术及管理能力、办公室综合文案管理及招投标能力，突出四维一体的能力需求。针对四维能力，分别通过专业课程体系中"互联网＋"平台，企业积极参与的匠型育人方案实施，贯穿专业教育教学全过程职业资格证书的考取，顶岗实习再深化师徒关系等，推进信息化条件下可实践性及可操作性的实现。

工作岗位一技之长主要体现在职业能力评价上。专业职业能力评价是以职业能力证书为评价标准，结合专业行业背景及企业技能需求，专业职业能力证书包括电工进网作业许可证，该证书满足消防系统施工能力基本要求；工程CAD证书，该证书满足消防工程绘改图基本能力需求；初级消防员证书，该证书满足消防工程维护、管理需求，且该证书为消防行业职业能力证书，学生考取后全国终生有效。专业2015级、2016级职业资格证书考取率均达到95％，且通过率为100％，这些证书也得到了企业的认可和好评。

学生的个性差异是客观存在的，学生的发展需求也具有独特性。一技之长就是以满足个体需求为前提的教育，体现了对于学生选择的尊重，再加以"互联网＋"平台，菜单式选择学习内容、模块化教学、针对性指导、开放性实践，为学生学习与发展的差异化需求提供了"私人定制"的支持，从而实现学生个性化发展。这在传统的统一和"标准化"的教育不可能在理念和实践上解决这个问题。互联网时代的开放性给学生创造了没有边界的平台，学生个人都是这个平台的主角，每个人都可以做出自己的抉择，每个人都可以选择适合自己的发展空间，这为激发学生内在的潜质，充分掌握一技之长创造了条件。

（二）助力匠型人才适应社会能力培养

"互联网＋"平台助力工匠型人才培养模式的可操作性及实效性，体现在专业培养的人才充分适应社会需求和岗位要求上，是通过对专业教育教学模式的创新与改革，课程体系的不断完善，教学方式的不断丰富取得的。这一目标的实现，专业信息化建设功不可没，"互联网＋"平台开发运用起到不可或缺的作用。

第一，利用"互联网＋"建立突破校园围墙的无边界学习环境。陶行知先生指出："教育不能脱离社会、脱离生活。"让学校生活与社会生活建起紧密联系，学生的学习不是从自己的直接经验里长出来的，而是经过不断学习和社会实践积累来的。利用互联网技术充分获取外部社会资源开展教学活动，利用混合现实技术，将虚拟场景融入真实世界中，让学生有机会观察微观世界、感知抽象概念，使学习变成一种丰富情境下的亲身体验。第二，利用互联网信息技术优化人才培养方案设计。让"1 个核心（消防系统）、2 个重点（防火管理、防火规范）、3 个掌握（工程 CAD、工程造价、综合布线技术）"的"123"课程体系内容在互联网平台上，以动画、翻转课堂、虚拟工作过程等体现具体要求和实施细节，带动其他课程信息化建设。第三，利用"互联网＋"融合专业人才培养方案的实施。在方案执行的过程中，努力创建"互联网＋"教学方式，与企业一道创新教学模式，并以体现高职教育的职业性、实践性、开放性为核心展开方案的落实操作，让学生超越传统边界随时获取教学内容。第四，利用"互联网＋"让学生决定学习内容。现在的学生学习要求更加着眼于自身的需求，甚至许多要求已不是教育者确定和实现的，而是由学生自己来决定。学生自己开展的教学以及解决深度学习过程中的问题，完全取决于学生学习和发展的需要。传统的线性思维、确定性思维等将被非线性思维、不确定性思维所替代。第五，利用"互联网＋"让学生学习更有动力。互联网时代将是游戏化学习机制盛行的时代，游戏能够让人们持续玩下去的根本原因就是它的激励办法和措施，把游戏化机制引入学习过程，使其成为学生学习的重要"发动机"，必将极大改变学生学习的形态获取知识和适应社会能力。

"互联网＋"平台助力专业工匠型人才培养，丰富了"2＋1"工学结合的教育教学方式，提升了人才培养效果。实践证明，校企共同制定的"能力显现、工学结合、'教-学-用-做'四位一体"的人才培养教育模式，以及以"123"为基础，创新"典型工作岗位所需职业技能"为先导的课程体系在信息化基础上大放异彩。

（三）助力匠型人才品格更好形成

匠型人才具有的品格如何利用互联网技术在校企一体化育人培养中得以更佳的方式实现，这是新的时代新的要求，必须加以重视和运用，创新模式。

首先，树立"工匠精神"时刻要融入人才培养的意识中。利用"互联网＋"将学生干一行爱一行、专一行精一行的职业要求，与社会、集体、人协同认知、认同、互助的素质要求融到人才培养过程，以鲜明匠人示例启迪学生们的人生。在这个互联网时代，每个学生都有表达愿望与需求的权利和机会，教育必须真正从学生出发，为满足学生需要而进行设计，这即是尊重了学生的成长和发展的权益，又能大大提高教育的效益。

其次,利用"互联网+"构建起企业师傅奉献精神宣传平台。在教师与企业接触期间,以及学生顶岗实习过程,看到了众多师傅忘我、专注、一丝不苟、用心做事情的态度,造就了企业的品格和最优质的服务。因此,要求学生自己把他们的事迹总结出来,展现在互联网平台上时时受到教育和启发。这与互联网时代"学生决定教育"相契合,互联网能够为每个人的发展提供差异化的资源和条件支持,让每名学生都能够获得充分发展的机会。只有学生的天赋和才能得到充分的挖掘,学生才能成为一个可持续发展和终身发展的人。

最后,利用"互联网+"建立优秀学生资源库。对在校学生成长最具有影响力的是师哥师姐的工作经历,因此,把他们有意义的点点滴滴通过"互联网+"平台介绍给学生,让学生自在地、自为地、自主地、自觉地接受教育。互联网时代,从言论到行动,从自我意志表达到自我负责,让人的自主发展成了可能,优秀学生资源库能使学生时时受启发、刻刻受引导。教育处在这个崭新的时代,每名学生都是自由自主的生命体,只有尊重每名学生,给学生更多自主发展的机会,教育的真正价值才能实现,每名学生自身的生命活力才能真正体现,并为其一生发展奠定基础。

在实践中,始终把工匠精神的基本品格及要求贯穿职业教育整个过程,并使之成为学生价值观的重要组成部分,以引导学生不断树立兢兢业业的工作态度。但往往还没有达到工匠精神对待事业精益求精的程度,这是人才培养阶段学校的责任,是社会对学校的要求,也是学生人生过程中需要不断填补的精神要求。

第四节　专业信息化建设

针对高职学生学习主动性差、热情度低,但对新生事物充满好奇心,又善于应用现代化设备等特点,以匠型人才培养为准点,通过对专业学情的分析,结合人才培养方案及教学大纲,将信息化教学设计指导信息化课堂实施,推进人才培养质量提高,助力实现匠型人才培养目标。信息化教学设计是由上海师范大学黎加厚教授提出的,即运用系统方法,以学为中心,充分利用现代信息技术和信息资源,科学地安排教学过程的各个环节和要素,以实现教学过程的优化。在信息化建设设计的基础上,把其建设成果提升到"互联网+"平台上,以此不断创新教学方法和模式。

一、基于信息技术构建的人才培养方案

专业基于防火管理岗位及消防工程施工、管理岗位,以信息技术为引领的专业人才培养方案优化,早在 2009 年就申请省级教改课题立项加以研究,并将取得的成果应用到专业建设中。在这一过程中,校企双方共同强化以观念创新为基础,树立专业教学信息化观念和互联网意识,注重信息技术教学细节和应用内容,培养学生信息化时代的学习能力。

首先,梳理专业课程与信息技术的关系。在优化方案过程中,先行考虑的是信息技术课程如何在专业课程体系的体现问题,发挥校企两个主体的智慧,用最大公约数确定信息技术课程,主要有计算机基础应用、数据库应用、网络技术与综合布线、物联网技术、CAD技术课程等,将信息技术与传统课程融合在一起,不断挖掘和完善新的教学创意,设计新的教学过程及个性化训练方案,增强教学的吸引力,实现有效教学,提升学生素质能力、创新精神、创新意识,教师所教、学生所学、社会所需具有明显的时代气息。

其次,强化核心课程与信息技术结合。"一核心(消防系统)、两重点(防火管理、工程规范)、三掌握(工程CAD技术、综合布线技术、工程概预算技术)"的核心课程是学生获取专业能力之精髓,教学设计要求以消防系统为核心,以信息技术模拟的消防系统、消防安全管理体系、综合网络布线、消防CAD工程制图及工程概预算等多门课程,融入核心课程中。以"火灾自动报警系统"子课程为例,该课程与辽宁久安消防工程公司共同建设。目前,该公司作为无线火灾报警技术研发、生产的龙头企业,其无线火灾报警产品得到了很好的推广,专业"火灾自动报警系统"课程在建设的过程中结合消防产品及技术性能,安排有针对性的信息技术应用课程教学活动,课程教学效果显著提高。

最后,强化信息化手段培养学生。在教学中,实行工学结合的教学模式(两年学校理论学习和一年企业实践学习),通过"0.5+0.5"顶岗实习(半年习岗跟岗实习、半年顶岗实习),学生在工作岗位中锻炼和提高,并将理论知识应用到实践中,为毕业就业积累工作经验。因此,利用信息化创新学习环境,为教师和学生提供互动与交流学习的媒介,教师可以开展研修、主题研讨、信息化教学和在线评课等。信息化变革学习方式,增强了学生需要学习、自主学习的主动性,学习逐渐呈现出开放性、互动性、实践性、定制性和自主性特点,提高学生的基本能力、专业能力和发展能力。信息化改变管理手段。建立以评价方式为着重点的学生管理上改变,通过课堂评价与网上评价相结合,自评、互评和教师评价相结合,知识评价、态度评价与能力评价相结合,企业评价与学校评价相结合,增强教育教学的针对性。同时,自主开发了"教学管理平台"信息系统且取得软件著作权,支持了企业和学校对学生的日常量化考核和评价要求。

二、运用信息技术创新教学内容

信息化教学实施要素主要包括教学目标、教学重难点、教学设计、教学资源制作、教学实施、效果评测等。在"互联网+"时代,经过信息化教学设计,制作教学微视频,开展线上线下混合教学,把复杂的工作现实转变为学生可驾驭的学习环境、学习内容和交流方式,为学生知识建构提供支持。信息化还为学生职业学习和生涯发展提供新途径,改变传统职业学习方式,重构企业实践学习新形态,从认知主义向情境主义转变。围绕人才培养目标,教师要善于通过互联网收集有关防火管理和消防工程方面的新要求、新措施、新工艺、新产品、新技术、新标准、新设备,以及行业发展的新动态、新趋势作为教材内容的重要补充,使学生的知识结构更能适应行业发展的需要。当然,也要注意互联网可能带来的信息不准确、不全面,观点过时的问题。因此,教师在使用互联网资源时,不仅要会借鉴整合,还要能辨别真伪,把全面、准确的网络资源引入课堂。

由于,信息技术在消防工程施工、消防产品(系统)及消防管理中应用时均在变化,教师还要紧密结合专业教学实际,用好信息技术建立起与企业师傅和学生沟通平台。平台作用:一是了解掌握企业对于人才的需求及学生在实习工作过程中哪些知识掌握得不牢固,需要加深或调整教学方向,师傅也随时将企业的人才需求与教师沟通,使教师在授课的过程中调整教学内容,使其更加符合企业需求;二是及时与学生沟通,通过自己的所见、所闻、工作成就分享,增加学生的学习热情,也为在第一时间调整教学内容提供保障;三是有效增强了校企合作的紧密关系,拉近了与企业的联系,为一体化育人的"集团化"教育教学打开了广阔空间,校企共同培养的人才认可度也有很大提高,使企业、学校、学生三方形成了共赢局面。

三、运用信息技术创新教学方法

利用信息技术把文字、图片、音频、视频结合起来,将教学内容以新的形态呈现出来,并尽可能地将教学内容移到互联网平台这个载体上,可随时满足学生的需求。

一是使用好互联网教学载体。当积累到一定量的信息化教学课程时,就要充分利用好互联网教学载体,助力专业教学,互联网平台构建网络课堂与传统的教室课堂相结合,教学效果好。"互联网"为载体进行教学,不仅使学习不再受时间、地点的限制,变得更加方便、自由,而且教师也可在网络课堂专属栏目中网上授课、布置作业、查看学生学习任务完成情况、批改作业、在线答疑等,通过群聊的方式解答学生作业中存在的共性问题,通过语音回复或个别留言的方式解答个别学生作业中存在的问题;学生也可通过智能端设备提交作业、查阅作业批改情况、在线交流学习心得、在线提问讨论等。要把教师的课堂集中讲解与学生的课后网上自学、小组研讨结合起来,充分发挥教师的主导性和学生的主体性;要通过互联网进行作业批改、课后辅导、讨论交流,实现师生的良好互动。

二是要不断创新教学方法。基于问题,教师引导,学生自主探究与协作,用微课视频将所学知识解析与推演。学生通过示例、观看微课视频以及在线的知识评测,掌握所学知识。如果对于提出的问题不能直接解决,就需要借助教师的课堂导学、学生的自主探究和协作,综合以前所学知识,最终解决问题。这个过程是导学的过程、参与的过程、自主探究的过程、协作学习的过程,也是知识内化、能力提升的过程。通过问题的分析与解决,学生的知识和能力得到了全面提升。在教学方法创新的同时,教师还要指导学生实现学习方法的创新,首先要充分利用课堂主阵地。将"互联网+"引入教学过程只是教育技术方法手段的变化,课堂仍是学生学习的主阵地,绝不能因此忽视甚至放弃课堂。其次要充分利用数字化图书馆资源,对于课堂所学知识,学生如果存在疑问或者想要深入学习某个知识点,可借此进行自主学习。

信息技术、互联网改变了教育环境和教育方式,但信息技术、互联网只是手段,不是目的。教师的教育观念、教学方式方法需要改变,但教师培养人才的职责没有变。教师要充分利用信息技术、互联网,整合各种教育资源,促进学生和教师的共同发展。但不能迷信信息技术,要认识它的局限性,并且运用恰当,才能真正发挥信息技术的优势。人是要靠人来培养的,这是所有机器代替不了的。教师的活动蕴涵着人的感情、人文精神,师生的情感交流是一种不可或缺的教育力量①。

四、提升教师信息技术应用能力

应用信息技术构建信息化环境,获取、利用信息资源,支持学生的自主探究学习,培养学生的信息素养,提高学生的学习兴趣,从而优化教学效果。教师信息技术应用的先驱责任不可或缺,教师除了积极开发信息化课程外,还要善于利用互联网能力的积累。

建立一支信息化教学应用开发团队。在实践中,对团队进行分层次建设,将基于信息技术的消防系统课程作为开发重点,基于国家、省教师信息化教学设计大赛为切入点,建立校企融合的第一层次队伍,规划信息化课程开发。放眼我国职业教育,2010年,教育部首次设置了教师信息化教学设计大赛,这个赛项是教育部唯一举办的职业院校教师的大赛。信息化教学设计是在信息化环境中,教育者与学习者借助现代教育媒体、教育信息资源和教育技术方法进行的双边活动。大赛举办了9届,我国的职业教育信息化教学设计已在课堂教学中得到很好应用,并且取得了丰硕的成果,信息技术在职业教育中起到了很好的推动作用。

第二层次团队是专业教师和企业工程师。他们作为教学团队的中坚,对教学内容、知识讲授和岗位知识需求结构给出意见,为方案制定提供课程开发保障。近几年,专业教学团队通过对信息化教学的研发,取得了可喜的成绩。2016年,教学团队参加教育部举办的全国职业院校教师信息教学大赛取得了公安司法类教学设计一等奖第一名的成绩,2017年、2018年,教学团队在辽宁省教育厅举办的教师信息化教学大赛中分别获得教学设计二等奖和课堂教学一等奖。信息化教学大赛中取得的可喜成绩鼓舞着教学团队在教学改革的道路上砥砺前行。

第三层次团队学校辅导员及企业师傅。他们肩负着学生的德育工作和企业的工匠精神的培养,为学生培养良好的职业素养和企业文化提供保障。以学院自主开发的"教学管理平台"为应用基础,团队成员要知晓平台、用好平台,使其教育培养的手段从传统的方式转换到"互联网+"的方式,及时建立起师生、师徒的互动过程,为有效达到校企共同育人的目的助力。

---

① 顾明远.未来教育的变与不变[N].中国教育报.2016-8-11(3).

办学十年,防火管理专业以打造优秀的信息化"匠型"教学团队为准则,按照企业师傅与校内教师共同育人的理念,建立不断完善的信息化"匠型"教学团队队伍,持续开发信息化课程,助力专业"匠型"人才培养,并为行业企业输送了大量的优秀人才。

第五节　信息技术应用实例概述

随着社会的不断进步以及经济的快速发展,人们的生活水平正不断提高,人们日常生活中的火灾隐患事故也在增加。传统的消防检测网络安装较为复杂,且成本较高,因此不能较好地解决当前的消防问题。而作为物联网关键技术之一的无线传感器网络的出现,为解决消防问题带来了一定的转机。因此,我们应积极构建基于物联网技术的企业消防报警系统,进而不断地提高企业的安全意识,以此来有效地保障人们的财产安全。

无线传感器网络的消防监控报警系统在企业中的使用,不仅可以实现一定的消防监控数据的无线传输,而且还能在一定程度上扩展系统功能,进而可实现消防报警系统由单一功能向多功能的转变。因此,加强研究与分析构建基于物联网技术的企业消防报警系统对于有效避免企业消防事故的发生具有至关重要的作用。在这里,针对构建基于物联网技术的企业消防报警系统展开具体的分析与讨论。

一、系统总体设计方案

通过对系统总体设计方案的认识与了解,可在一定程度上不断完善基于物联网技术的企业消防报警系统的功能,进而不断地保障人们的生命财产安全。接下来,就系统总体设计方案展开具体的分析与讨论。

(一) 系统设计要求

根据国家制定的相应消防标准,消防报警系统应具备以下功能。

1. 火灾报警功能

火灾报警功能是消防报警系统所要具备的基本功能。而火灾报警功能作为整个系统设计的核心,除了应满足一定的声光报警等功能外,还应加强研究报警的数据采集问题,进而不断地完善消防报警系统的功能。

2. 故障诊断功能

一旦消防报警系统出现故障,就会在一定程度上延迟救援时间,进而就会威胁人们的生命安全。因此,我们应不断完善消防报警系统的故障诊断功能,以此促进系统能够对火灾情况进行快速的故障定位,进而更有效地促进消防故障系统的正常运行。

3.消防相关数据记录分析

消防报警系统通过编写一定的功能代码,有效地实现火灾报警以及故障信息次数和频率的统计与分析,通过引入一定的专家系统,以此有效地对未来的趋势进行合理预测。此外,对于消防相关数据的显示,不仅应显示一般的数据字符串,还应引入多种可视化显示及分析方法(如曲线图及柱状图等),以进一步完善消防报警系统的功能。

4.消防辅助救援功能

不断提高消防员的救援效率应是消防报警系统所要关注的重点。而消防手持终端作为消防辅助救援功能的核心设备,具有小型化等特征,其也在一定程度上为消防员的携带提供了方便,进而能有效地提高消防员的救援效率。而消防辅助救援功能在数据显示方面还具有较高分辨率的显示屏,这也在一定程度上为消防员的读写操作带来了便利。

(二)系统通信技术介绍

1.无线传感器网络

无线传感器网络具有较多的无线传感器网络节点,可在一定程度上为采集任务数据提供一定的技术支持。此外,无线传感器网络不仅可以进行数据的采集与传递,而且还需对来自其他节点的数据进行转发、管理与融合,以此有效地确保数据传递的可靠性。因此,无线传感器网络具有规模大、自组织、可靠性较高、应用相关以及以数据为中心等特征。

2.蓝牙

蓝牙在消防报警系统中所发挥的主要功能是构建通信设备的无线连接,为数据的可靠传输提供保障。此外,为了保证蓝牙设备之间的互联互通,所有与蓝牙设备对用的蓝牙应用程序都必须遵循同一类的协议栈,以不断地提高蓝牙所发挥的功能。

二、系统硬件设计

(一)消防网关设计

为了不断完善消防报警系统的相关功能,消防网关在设计时应遵循相应的技术指标,即工作电压应为 DC12 V,系统内存应为 512 MB,处理器频率应为 1 GHz。此外,还应满足相应的触摸屏设计,方便用户操作、小型标准化封装以及具备集成汇聚节点,可采用消防监测网络数据等功能特点。

(二)消防手持终端硬件设计

消防手持终端在设计时应满足工作电压为 DC12 V,系统内存为 512 MB,处理器频率为 600 MHz 等技术要求,还应满足触摸屏设计,方便用户操作、小型标准化封装以及拥有声光报警模块等要求,进而不断完善消防报警系统的功能。

三、软件设计

(一)嵌入式软件开发平台

嵌入式软件开发平台主要包含 AVR Assembler 编译器、AVR Studio 调试功能、AVRProg 穿行以及并行下载功能和 JTAG ICE 仿真等。

(二)网关软件开发平台

网关软件开发平台主要采用 Android 系统,其提供的服务为丰富的视图类和内容提供器,进而使不同程序间可以实现数据的共享、资源管理器可使应用程序将自我定义信息在状态栏显示等服务。而活动、服务以及广播接收器和内容提供商作为 Android 系统开发的四大组件,可在一定程度上完善 Android 系统的运用功能,进而不断地完善消防报警系统的功能。

四、无线消防探测器软件设计

通过对无线消防探测器软件设计的了解与认识,可不断地完善无线消防探测器的功能。接下来,就无线消防探测器的软件设计进行分析与讨论。

(一)无线消防探测器软件功能模块

无线消防探测器的软件功能模块主要包括系统初始化、信号采集、数据处理、故障自检测以及系统休眠等。通过各个模块之间的相互联系与配合,可不断地提高无线消防探测器的功能。

(二)探测器主程序设计

传统的火灾探测算法只能针对单一的物理量进行检测,亦存在抗干扰能力差、探测火源类型单一以及误报率较高等特点。因此,为了提高探测器的使用功能,在对探测器的主程序进行设计时,应选取温度与烟雾作为火灾探测特征量,进而引入一定的复合多判据火灾检测算法,以此有效地提高火灾检测算法的准确性及可靠性。

(三)消防网关软件功能设计

在对消防网关软件进行设计时,应具备系统初始化、系统配置、数据接收、数据存储、数据分析、故障分析、语音提示以及数据发送等功能。

(四)手持终端软件功能设计

手持终端软件功能应具备系统初始化、数据显示、本地存储、数据发送、人员定位、轻量级浏览器以及数据接收等功能模块。

五、性能检测

（一）单跳通信距离测量

无线消防探测器在真实的消防使用中，其通信设备易出现较强的差异性，进而影响消防员的有效救援。因此，为了确保无线探测器的使用性能，我们应进行单跳通信距离测量，进而探测出较为合理的单跳通信距离，以此不断地提高无线消防探测器的通信性能，提高消防员的救援效率。

（二）节点通信延时实验

科技的不断进步及网络技术的快速发展，在一定程度上影响着火灾信息由感知节点传递至汇聚节点的时延。因此，我们应进行节点通信延时实验，以有效地缩短火灾信息由感知节点传递至汇聚节点的时延。

六、总结

随着人们生活水平的不断提高，加强构建基于物联网技术的企业消防报警系统对于避免企业消防事故的发生，以及有效地保障人们的生命财产安全都具有至关重要的作用。因此，我们应首先了解系统总体的设计方案，进而认识到系统的硬件设计和软件设计，从无线消防探测器的软件设计以及性能检测两个方面不断地完善消防报警系统的功能，为人们的生命财产安全提供更有效的保障。

第六节　信息化助力匠型人才培养评析

通过构建"互联网＋"平台与企业建立习岗跟岗、顶岗实习机制，使企业充分参与到职业教育的办学中来，实现"互联网＋"平台教学资源共享，实现匠型人才培养与"互联网＋"相结合，实现"互联网＋"专业教学、"互联网＋"技术技能、"互联网＋"共同育人、"互联网＋"就业、"互联网＋"校企合作的新局面，丰富匠型人才培养的内涵。信息化应用助力了匠型人才培养，有效推动了专业建设发展。

一、实训基地机制得到创新

"互联网＋"融入高职教育教学的实训环节，提升办学的社会服务能力，这也是一种创新。绝大多数学生在技术技能有了一技之长的基础上，发挥学校、企业在教育教学中双主体的作用，探索凭借"互联网＋"提升人才培养规格，以达到匠型人才基本要求。

匠型人才的培养主要依靠校内外双轨制的实习实训基地实现，使得机制有效运行"互联网＋"应用不可或缺。专业在办学的过程中，非常注重学生实践能力的培养。

第一,校内实训机制创新。专业于 2013 年申请了国家财政支持的专业建设项目,获得专业建设经费 130 万元,以专业信息化要求建设实训室和实训基地,以"互联网＋"理念校企共同建设校内实训室。例如,消防工程概预算实训室,该实训室配备专业化的实训教学软硬件,为学生提高消防工程概预算能力提供了保障;消防工程绘图实训室,专业的实训设备提高了学生的工程绘图技术;安全防范实训室,通过该实训室,学生将智能消防与智能建筑更好地融合和实践;综合布线实训室,使学生能够更好地完成综合布线项目实训教学。实训室可以通过"互联网＋"平台与企业技术人员联通,指导学生实训教学,回答学生提出的问题,企业师傅与校内教师共同组织完成实训教学。一直以来,专业缺少一个消防系统综合模拟演练实训室,北京四海消防公司了解了这一需求,于 2017 年为专业捐建了消防系统综合模拟演练实训室。

第二,校外实训基地创新。专业建立了 40 多家企业组成的"一对多、小专业、集团化"校外实训基地,形成了"互联网＋""集团化"校外实训基地网络平台。实训基地网络平台实现了校企联盟运行信息化,"动态式"订单人才培养网络化,一体化育人同步化。实训基地学生的顶岗实习在"互联网＋"的作用下,主要体现了两个方面的创新,一方面是学生在实训基地实践学习的过程中,同企业师傅建立的企业新型师徒关系和师傅们指导他们实践学习,构建了新的育人模式;另一方面是学生在实训基地管理与评价的过程中,实行校企同步管理,共同评价,时时监督,保障学生顶岗实习安全、高质量完成学习任务,同时积极融入"工匠精神",树立正确的世界观、人生观、价值观,培育匠型人才品格。

二、教育教学方式方法的创新

基于互联网思维凸显专业教育教学一技之长培养。明确岗位需求建设"互联网＋"平台,创新专业教育教学方式,在大力倡导信息化教学手段及教学方法应用的当下,专业基于信息化技术的课程体系对信息化教学提出了新的更高要求。自 2015 年以来,专业教学团队组建了"互联网＋"信息化教学团队,与合作企业进行了深入的交流、沟通。由于消防系统在建筑中的抽象性,传统课堂上的教师很难将系统结构给学生呈现出来,并讲解清楚,以及对于消防设备的原理,学生也很难理解。教师与企业共同研究,开发课程教学资源,制作消防系统及设备的三维原理动画、制作建筑烟气模拟软件、制作消防系统联动软件等,这些信息化手段及方法的应用,增强了学生的学习兴趣,提高了教学效果。通过建立"互联网＋"平台,充分融入企业元素,将企业的工程实例等内容通过信息技术的应用,使难以理解的理论内容变得通俗易懂。同时,将课堂派、雨课堂等教学管理软件应用到教学管理中,提高教学管理水平和质量。

"互联网＋"信息化教学的开展使专业取得了可喜的成果。2016 年 11 月,信息化教学团队负责人参加教育部教师信息化教学大赛,参赛作品"自动喷水灭火系统的组成——喷头"获公安司法类教学设计一等奖第一名,为辽宁争得了荣誉,也将专业信息化建设提高到一个新水平。2017年,其设计的作品"实习自动喷水灭火系统组件及工作原理"又获得辽宁省教育厅举办的教师信息化教学课件大赛三等奖。优异成绩的取得离不开信息化技术的融合应用,信息化教学开始普及于专业的每一门课程中,同时在全院范围内进行了推广。

三、教育教学模式的创新

凭借"互联网+"助力工匠型人才培养的"2+1"工学结合的教育教学机制和有效途径,使之成为一种新模式。在传统的教学模式中,呈现出以"学校为主,企业为辅",甚至"企业不辅"的现象,在这种模式下,大多企业往往关心短期效益,对于先期投入培养人才积极性不高。防火管理专业根据"互联网+"助力人才培养研究与实践,完善了"2+1"工学结合的"互联网+"匠型人才教学模式,体现的是双主体作用,双方合作,平等相待,得到了企业认可和尊重。学生通过为期一年的顶岗实习,使其融入了企业的文化中,从思想上和技术上均实现了匠型人才培养的初衷,为学生毕业进入企业工作奠定了坚实的基础。信息技术的人才培养的优化设计,企业提出的很多具体的建议在方案中得到体现。例如,课程实施一定要与施工实践经验结合起来,否则会出现高谈理论、参与实践能力不强的现象。在执行中,除了对顶岗学习教学环境加以重视外,在校内教学中也要不断与企业沟通,注意细节的实施。实践证明,基于信息技术的"2+1"人才培养方案是有效的,符合专业发展要求。

专业通过建立"互联网+"平台,增添企业联合体与学校共同育人的方式方法,校企共建教育教学模式。在模式的驱动下,"互联网+"平台促进专业形成了良好的人才培养机制,专业通过召开校企合作研讨会、将企业师傅请进学校、技术人员与专业教师共同研讨人才培养方案,让部分毕业学生也参与其中,了解企业对于人才的需求及学生在实习工作过程中的问题。同时,与会学生与在校同学分享自己的所见、所闻和实践体会,提高了学生的学习热情。

四、专业建设提高到新水平

不断完善的"互联网+"助力人才培养方式,使联盟企业"集团化"更为紧密,其效果:一是大家可以信息共享、资源共享、成果共享,满足了学校、企业、学生三者之间的利益需求,匠型人才培养路径更为通畅;二是以信息技术为基础学生的一技之长培养,通过校企共同合作实现的手段、方式、方法更为丰富,匠型人才培养成为可能;三是校企一体化育人的效果体现为更为具体,学生获得的是就业能力和继续学习能力;四是专业"互联网+"助力匠型人才培养案例,案例的成功经验已在全校范围内推广;五是融合"互联网+"的社会文化环境,形成开放教学、自主学习、互动交流、监控管理、评价考核新机制;六是树立匠型人才培养理念,以"工匠精神"塑造培养学生,牢牢把握职业教育的灵魂,使之具备实干肯干的心态、敢于吃苦的精神、不断开拓的激情和过硬的技术能力。

附录1　高等职业教育改革发展重要文件清单

自我国1999年开始大规模举办高等职业教育以来,国务院、教育部先后出台了一系列关于高职教育改革发展的重要文件,具体如下。

1. 教育部《关于加强高职高专人才培养工作的意见》(教高〔2000〕2号);

2. 教育部《关于以就业为导向,深化高等职业教育改革的若干意见》(教高〔2004〕1号);

3. 教育部等七部门《关于进一步加强职业教育工作的若干意见》(教高〔2004〕12号);

4. 国务院《关于大力发展职业教育的决定》(国发〔2005〕35号);

5. 教育部、财政部《关于实施国家示范性高等职业院校建设计划,加快高等职业教育改革与发展的意见》(教高〔2006〕14号);

6. 教育部《关于全面提高高等职业教育教学质量的若干意见》(教高〔2006〕16号);

7. 教育部《关于充分发挥行业指导作用推进职业教育改革发展的意见》(教职成〔2011〕6号);

8. 教育部《关于推进中等和高等职业教育协调发展的指导意见》(教职成〔2011〕9号);

9. 教育部、财政部《关于支持高等职业学校提升专业服务产业发展能力的通知》(教职成〔2011〕11号);

10. 教育部《关于推进高等职业教育改革创新引领职业教育科学发展的若干意见》(教职成〔2011〕12号);

11. 国务院《关于加快发展现代职业教育的决定》(国发〔2014〕19号);

12. 教育部等六部门《现代职业教育体系建设规划(2014-2020年)》(教发〔2014〕6号);

13. 教育部《关于开展现代学徒制试点工作的意见》(教职成〔2014〕9号);

14. 教育部办公厅《关于建立职业院校教学工作诊断与改进制度的通知》(教职成厅〔2015〕2号);

15. 教育部、人力资源社会保障部《关于推进职业院校服务经济转型升级面向行

业企业开展职工继续教育的意见》(教职成〔2015〕3 号);

16. 教育部《关于深入推进职业教育集团化办学的意见》(教职成〔2015〕4 号);

17. 教育部《关于深化职业教育教学改革全面提高人才培养质量的若干意见》(教职成〔2015〕6 号);

18. 教育部《职业院校管理水平提升行动计划(2015-2018 年)》(教职成〔2015〕7 号);

19. 教育部《创新发展高等职业教育三年行动计划(2015-2018 年)》(教职成〔2015〕9 号);

20. 国务院办公厅《关于深化产教融合的若干意见》(国办发〔2017〕95 号);

21. 教育部等六部门《职业学校校企合作促进办法》(教职成〔2018〕1 号);

22. 国务院《国家职业教育改革实施方案》(国发〔2019〕4 号);

23. 教育部、财政部《关于实施中国特色高水平高职学校和专业建设计划的意见》(教职成〔2019〕5 号);

24. 教育部等四部门《关于在院校实施"学历证书＋若干职业技能等级证书"制度试点方案》(教职成〔2019〕6 号);

25. 国家发展改革委、教育部等六部门《国家产教融合建设试点实施方案》(发改社会〔2019〕1558 号)。

附录2 职业院校专业人才培养方案
参考格式及有关说明

一、专业名称及代码

对照高职现行专业目录规范表述。

二、入学要求

高等职业学校学历教育入学要求一般为高中阶段教育毕业生或具有同等学力者。

三、修业年限

高职学历教育修业年限均以3年为主，可以根据学生灵活学习需求合理、弹性安排学习时间。

四、职业面向

可以表格的形式呈现。包括本专业所属专业大类（专业类）及代码，本专业所对应的行业、主要职业类别、主要岗位类别（或技术领域）、职业技能等级证书、社会认可度高的行业企业标准和证书举例。

五、培养目标与培养规格

（一）培养目标

高职根据办学层次和办学定位，参照国家专业教学标准，科学、合理地确定本专业人才培养目标。

（二）培养规格

本专业毕业生应具备的素质、知识和能力等方面的要求，应将本专业所特有的且有别于其他专业的职业素养要求纳入。

六、课程设置及要求

主要包括公共基础课程和专业（技能）课程。

（一）公共基础课程

应准确描述各门课程的课程目标、主要内容和教学要求，落实国家有关规定。

（二）专业（技能）课程

应准确描述各门课程的课程目标、主要内容和教学要求，增强可操作性。

七、教学进程总体安排

教学进程是对本专业技术技能人才培养、教育教学实施进程的总体安排，是专业人才培养方案实施的具体体现。以表格的形式列出本专业开设课程类别、课程性质、课程名称、课程编码、学时学分、学期课程安排、考核方式，并反映有关学时比例要求。

八、实施保障

主要包括师资队伍、教学设施、教学资源、教学方法、学习评价、质量管理等方面。

（一）师资队伍

对专兼职教师的数量、结构、素质等提出有关要求。

（二）教学设施

对教室、校内、校外实习实训基地等提出有关要求。

（三）教学资源

对教材选用、图书文献配备、数字资源配备等提出有关要求。

（四）教学方法

对实施教学应采取的方法提出要求和建议。

（五）学习评价

对学生学习评价的方式方法提出要求和建议。

（六）质量管理

对专业人才培养的质量管理提出要求。

九、毕业要求

毕业要求是学生通过规定年限的学习，修满专业人才培养方案所规定的学时学分，完成规定的教学活动，毕业时应达到的素质、知识和能力等方面要求。毕业要求应能支撑培养目标的有效达成。

十、附录

一般包括教学进程安排表、变更审批表等。

2019 年 6 月

附录3 防火管理专业(工程技术方向)校企合作联盟意向书

(第二版)

一 依 据

根据《国务院关于加快现代职业教育的决定》(国发〔2014〕19号)修订《意向书》。

1.1 充分发挥学校和企业两个主体作用,推动现代职业教育体系建立,结合学院和企业实际构建校企合作联盟。

1.2 加快现代职业教育体系建设,深化产教融合、校企合作,培养高素质劳动者和技术技能人才。

1.3 充分发挥市场机制作用,引导社会力量参与办学,扩大优质教育资源,激发学校发展活力,促进职业教育与社会需求紧密对接。行业和企业参与举办职业教育,充分发挥企业重要办学主体作用

1.4 推动专业设置与产业需求对接,课程内容与职业标准对接,教学过程与生产过程对接,毕业证书与职业资格证书对接,职业教育与终身学习对接。重点提高学生就业能力。

1.5 行业和企业参与教学过程,共同开发课程和教材等教育资源。推动教育教学改革与产业转型升级衔接配套。突出专业办学特色,强化校企协同育人。

1.6 企业因接受实习生所实际发生的与取得收入有关的、合理的支出,按现行税收法律规定在计算应纳税所得额时扣除。

1.7 企业通过校企合作共同培养培训人才,不断提升企业价值。企业开展职业教育的情况纳入企业社会责任报告。

二 目 标

2.1 适应行业企业发展需求、产教深度融合,具有特色、全国先进水平的现代职业教育体系和专业课程体系。

2.2 健全专业建设随产业发展动态调整的机制,持续提升面向消防工程和消防安全管理领域的人才培养能力。

2.3 专业办学条件明显改善，实训设备配置水平与技术进步更加适应，建成一流的骨干专业，形成具有竞争力的人才培养高地。

2.4 专业及方向培养的学生都具有"一技之长"，能充分适应现代企业的岗位要求。

2.5 依国家出台的政策，适时组建职业教育集团，发挥职业教育集团在促进教育链和产业链有机融合方面的作用。

三　内　容

3.1 深入开展校企合作、工学结合，强化教学、实习、实训相融合的教育教学活动。推行项目教学、案例教学、工作过程导向教学等教学模式。

3.2 实行学历证书和职业资格证书"双证书"制度。开展校企联合招生、联合培养的现代学徒制或企业新型学徒制试点，完善校企一体化育人。

3.3 专业教学标准和职业标准联动开发机制。形成对接紧密、特色鲜明、动态调整的专业课程体系。

3.4 全面实施素质教育，科学合理设置课程，将职业道德、人文素养教育贯穿人才培养全过程。

3.5 专业方向：消防工程领域、消防安全管理领域及相关的企事业单位。

3.6 学院与行业企业共建技术开发中心、实验实训平台、技能大师工作室等，成为技术技能积累与创新的重要载体。

四　合　作

4.1 遵循高等职业教育规律和市场引导作用，以学生为本，建立起来学院与企业合作机制，致力于加强学院与企业在人才培养、专业建设、实习实训、顶岗就业、订单式和菜单式培养等方面的合作教育。探索有特色的产教相结合的合作模式，发挥各自优势开展专业教育教学。

4.2 本着自愿、平等、互利、互惠原则，联盟成员可在多种模式的校企合作进行探索与实践，夯实现代职业教育基石，提升校企合作培养的人才为社会服务水平。

4.3 企业愿意在学院职业教育专业建设上发挥作用，均可成为校企合作联盟成员。

五　管　理

5.1 专业教育教学期间实行学院和企业（联盟）双主体管理机制。

5.2 警务化＋教学考核＋企业评价综合打分积分式管理。

六　其　他

6.1 根据本《意向书》内容制定联盟合作协议书和修改联盟章程，确定联盟成员权利与义务。

6.2 《意向书》(第二版)是在 2012 年第一版的基础上进行修订。

6.3 《意向书》(第二版)从专业建设指导委员会同意后实施。

2014 年 8 月

拟加入联盟意向企业名称(章):

年　　月　　日

附录4 学生顶岗实习协议

甲方：_____

地址：_____　　　　　　电话：_____

乙方：辽宁公安司法管理干部学院

地址：东陵区东陵东路 81 号　　　　　　　电话：024-88037006

鉴于甲方愿意为乙方在校学生提供顶岗实习机会并从实习学生中挑选合适人员作为其顶岗实习员工，乙方希望通过甲方为其在校学生提供实习和毕业就业机会，乙方在校学生愿意接受乙方的安排在甲方进行顶岗实习，经甲、乙两方友好协商，达成协议如下。

一、实习岗位、期限及留任

1. 双方同意顶岗实习学生在_____年___月___日至_____年___月___日期间在甲方进行为期__12__个月的顶岗实习。

2. 甲方将安排乙方学生在甲方的_____部门_____岗位进行顶岗实习。

3. 实习结束，甲方愿意留用乙方顶岗实习学生，学生也愿意在甲方单位工作，按有关规定甲方与学生签订劳动合同。

二、各方的权利和义务

（一）甲方的权利和义务

1. 甲方的权利

（1）可以根据其需要和顶岗实习学生的工作能力对顶岗实习内容进行调整。

（2）在实习期内根据顶岗实习学生的表现，经和乙方协商后，甲方有权决定是否提前终止对乙方学生提供的实习机会。

2. 甲方的义务

（1）顶岗实习期间甲方为乙方学生上人身意外伤害保险，否则甲方承担全部学生在顶岗实习期间所发生的人身意外伤害责任。

（2）按照本协议规定，顶岗实习应符合法律的规定和不损害顶岗实习学生的身心健康。

（3）在乙方学生严格遵守实习时间和甲方各项规章的情况下,给予乙方顶岗实习学生适当的实习费用。

（4）配合学校教学目标和要求,制订学生顶岗实习计划。有义务为乙方前往甲方对顶岗实习学生进行指导或管理提供方便,并提供学生顶岗实习的实际情况等信息,有责任对乙方实习指导教师的指导情况向乙方进行反馈。

（5）在乙方学生实习期间,配合乙方做好实习学生的管理工作,安排具有相应专业知识、技能或工作经验的人员对乙方学生实习进行指导,并协助乙方对顶岗实习学生进行管理。在乙方学生实习结束时根据实习情况对其作出实习考核鉴定。

（6）加强对实习学生上岗前安全防护知识、岗位操作规程的培训,落实安全防护措施,预防发生人身伤亡事故。

（7）为乙方学生提供必要的劳动保护措施。乙方学生在甲方实习期间,如发生人身意外伤害事故,由甲方在前述为乙方学生投保的人身意外伤害保险理赔限额内对乙方学生承担赔偿责任,乙方负责配合做好学生、家长等各方工作。

（二）乙方的权利和义务

1. 乙方的权利

（1）根据顶岗实习学生在甲方的实习内容和表现,乙方自行决定是否直接给予学生相应顶岗实习成绩。

（2）有权在不影响甲方正常工作的前提下,前往甲方单位对学生进行指导或管理,有权向甲方了解学生的顶岗实习情况。

2. 乙方的义务

（1）对学生在甲方的顶岗实习给予充分的配合,做好顶岗实习学生实习前的动员与培训工作、实习中的联络、检查、协调工作,实习后的考核和其他工作。

（2）对学生实习期间的行为予以监督和管理,以确保学生遵守本协议及甲方的规章制度。

（3）在学生违约的情况下,乙方有责任积极配合甲方处理学生违约行为。

三、保密约定

协议双方都有义务为双方中的任何一方保守法律规定的相关的秘密,尤其是要对甲方的经营管理和知识产权类信息进行保密,若有违反,依据相关法律处理。

四、协议的终止与解除

1. 协议期满自然终止。

2. 因协议期限届满以外的其他原因而造成协议提前终止时,甲乙双方均应提前两周书面通知对方。

3. 乙方学生违反本协议相关规定,甲方可提前终止本协议,但应通知乙方并说明原因,学生应承担甲方由此所遭受的损失。

五、实习学生相关信息

（1）

（2）

六、协议的生效

本协议一式两份,由甲方、乙方各执一份,经双方合法授权代表签署后生效。

本协议生效后,对甲乙各方都具有法律的约束力。本协议是协议双方通过对各种问题的研究、讨论,经过友好协商达成共识后双方同意签署的;任何一方对此协议内容进行任何修正或改动,都应经过双方书面确认后方始生效。

甲方(盖章)：　　　　　　　　　　乙方(盖章)：

甲方代表签字：　　　　　　　　　　乙方代表签字：

　　　　　年　　月　　日　　　　　　　　年　　月　　日

附录5　防火管理专业(工程技术方向)
校企合作联盟章程

第一章　总　则

第一条　联盟名称:辽宁公安司法管理干部学院(辽宁政法职业学院)防火管理专业(工程技术方向)校企合作联盟。

第二条　联盟性质:本联盟是在遵循高等职业教育规律和市场引导作用,以学生为本,建立起来的学院与企事业单位联系的桥梁与纽带;致力于加强学院与企事业在人才培养、专业建设、实习实训、顶岗就业、订单式培养、菜单式培训和技术开发、服务、咨询、项目申报、科研成果产业化等方面的全面合作;探索有特色的产学研相结合的合作模式。

其校企合作联盟是自发的民间协作组织,不接受任何组织派遣任务。

第三条　联盟宗旨:本着自愿、平等、互利、互惠原则,联盟成员在人才培养、人才交流、技术革新、信息共享等方面进行深层次、多模式校企合作的探索与实践;充分发挥学院的办学优势、人才优势、智力优势以及企业技术优势、生产优势和设备资源优势,搭建校企合作平台,促进校企各自更好发展。

第四条　联盟活动方式:通过定期工作会议,不定期研讨联谊、参观考察、技术交流、相互授课的方式,加强校企间的联系,增进校企的相互了解,促进校企合作深入开展。

第五条　联盟成员加入:遵守本章程,在意向书盖企业章,经校企合作联盟委员会审议通过,均可成为校企合作联盟成员。

第二章　组织机构

第六条　组织机构形式:成立防火管理专业(工程技术方向)校企合作联盟建设委员会,委员会设主任委员2人,学院、企业各1名,副主任委员若干名,下设秘书处和若干工作委员会。秘书处设秘书长1人,副秘书长若干人。

第七条　学院主任委员由学院主管教学工作的副院长担任,企业单位主任委员由联盟企业协商推荐产生,副主任委员由联盟委员会推荐产生。秘书长由学院专业教研室主任担任,各工作委员会主任由联盟成员民主推荐产生。

第八条　联盟建设委员会主要职责:

（一）制订和修改联盟章程、确定联盟委员会及运行管理制度。

（二）筹备召开联盟委员会工作年会。

（三）决定联盟的其他重大事项。

第九条　本联盟秘书处设在辽宁公安司法管理干部学院(辽宁政法职业学院)相关系。具体负责日常联络、起草联盟活动计划等工作,每年向联盟委员会提交工作报告。

第十条　本联盟工作委员会设教学工作委员会、招生就业工作委员会、人才交流技术服务工作委员会。各工作委员会委员由联盟成员相关负责人组成,根据需要不定期召开会议,并由秘书处召集和主持。

第三章　工作任务

第十一条　组织联盟成员开展各种形式的人员交流、技术培训、对口考察等活动,为联盟成员之间创造合作、发展的机会。在行业发展、人才培养、实习实训、招生就业、技术开发、人员互派、信息互通等方面,开展多种形式的实质性合作。

第十二条　每年召开联盟成员联谊会,商讨联盟工作计划,不定期、多形式召开信息通报会和组织经验交流会等,为联盟成员提供国内外行业发展的最新动态。

第十三条　校企合作共建技术研发中心。学院为参与联盟成员单位在职培训、在职进修提供支持。学院利用实训研发中心、仪器设备面向成员单位开展技术服务等工作。

第十四条　加强产学研合作。学院将聘请企业管理和技术人员担任我院的客座教授、兼职教师,根据需要学院每年向联盟成员优先推荐优秀毕业生。

第十五条　联盟成员要参与指导学院的专业建设、课程建设、人才培养方案修订、教师队伍建设和教学管理机制建设等活动,使学院的教学更切合联盟企业人才规格实际需求。

第十六条　创建完善学生实习实训基地。联盟成员根据自愿原则可成为辽宁公安司法管理干部学院定点挂牌的实习实训基地,并聘请联盟成员的工程技术人员担任实习实训指导教师。

第四章　权利与义务

第十七条　联盟成员需确定一名管理人员作为联络员。根据工作需要,联络员及时与联盟秘书处联系,介绍本单位的相关最新情况,商谈双方进行合作的项目。联盟成员变更联络员或联系方式时,应及时通知联盟秘书处。

第十八条　根据需要,受聘顾问或客座教授可受邀参加联盟有关工作会议,听取联盟合作计划的执行情况汇报,并对联盟今后的工作提出意见和建议。

第十九条　联盟成员享有下列权利:

（一）享有参与联盟重大问题讨论、研究、决策的权力。

（二）获得联盟活动信息,可根据联盟运作的实际情况提出建设性意见。

（三）可优先获得由联盟成员提供的技术及科研成果转让权。

（四）优先与学院共同进行专业人才培养、教研技术合作。

（五）优先挑选专业毕业学生。

（六）合作定向培养人才并以企业冠名的权利。

（七）参加本联盟组织的各种学术、技术交流活动。

（八）享有利用联盟资源培训企业员工的权利。

（九）联盟成员在条件允许的情况下，接受学校教师的实践锻炼、学生顶岗实习等活动。

第二十条　联盟成员履行下列义务：

（一）遵守本联盟《章程》，执行本联盟的决议。

（二）有积极参加全体会议及各项活动、完成秘书处委托的有关工作、任务的义务。

（三）有为本联盟开展日常活动提供方便的义务。

第五章　经费与管理

第二十一条　联盟的主要经费来源：

（一）联盟成员的资助。

（二）其他合法收入。

第二十二条　联盟应建立符合国家法律、法规的财务制度，经费仅在联盟业务活动范围内开支，不得挪作他用或成员间分配。财务收支实行独立核算。联盟经费由秘书处负责管理。

第二十三条　联盟提供的技术咨询、培训或承担的科研、技术开发等项目，如涉及项目经费按合同约定执行。

第六章　附　则

第二十四条　本章程经辽宁公安司法管理干部学院防火管理专业（工程技术方向）校企合作联盟委员会会议通过后生效。

第二十五条　关于校企联盟其他未尽事宜由校企联盟委员会共同协商决定。

第二十六条　本章程的解释权归辽宁公安司法管理干部学院防火管理专业（工程技术方向）校企合作联盟委员会。

2012 年 5 月

本企业同意参加校企合作联盟（章）：

年　　月　　日

后　记

　　本书以申请获批的辽宁省教育科学规划办公室、辽宁省教育厅教育教学改革、辽宁省高等教育学会课题项目为依托,对防火管理专业(工程技术方向)开展多次理论创新和实践创新去粗取精,归纳提炼,编写成册,并把专业建设成果归结到专业教育教学模式不断创新中。编者认为,源于专业培养的人才具有"匠型"特征的实际状况,将专业建设水平不断提高的内涵描述出来,将专业建起的产教融合、校企合作、工学结合不断加深的机制挖掘出来,尤其是将专业教育教学活动不断创新的模式总结出来,为高等职业教育专业建设发展增添一份力量。

　　随着高等职业教育向纵深发展,全面、适时、科学地剖析专业建设内涵,详细分析专业教育教学活动的每个情节,坚持创建专业教育教学新模式将是新常态。当前,要认真学习《国家职业教育改革实施方案》和《关于职业院校专业人才培养方案制订与实施工作的指导意见》的精神,落实《高等职业教育创新发展行动计划(2015—2018 年)》中"建立诊断改进机制"要求,提升新时期高职专业建设水平。诊改改进机制是由外向内评价模式的转变,引导专业建设履行质量责任,完善专业教育教学质量监管体系,形成富有特色的专业建设品牌。专业建设效果主要体现在培养目标的达成度上,在社会需求的适应度,师资和条件的支撑度,质量保证运行的有效度,学生和用人单位的满意度等诊改核心指向上,每个核心点都形成科学的目标指向和实施措施,建立较完善的专业建设体系。诊改与评估有本质的区别,如果把握不好,就有可能"走老路"或"走偏路"。

　　在高职专业建设过程中,要围绕明确办学定位,厘清人才培养目标;着力于专业建设,提高专业服务产业能力;着力于教师教育教学能力培养,优化师资队伍结构;着力于学生全面发展,力促学生成长成才;着力于常态化数据平台建设与监控,夯实教育教学过程管理等 5 个主要关注点展开研究与实践,通过理论创新与实践创新夯实关注点问题,并采用逐一解决的方式方法,专心构建专业建设成果品牌。

　　在高职专业建设具体工作中,其导向:一是始终强调目标性。解决专业人才培养目标的符合度与达成度的问题,关注如何确定目标、如何达到目标、如何证明达到了目标。二是强调主体性。学校在高职教育中扮演角色,要依据专业的质量管理标准来评价质量,保证体系的完整性和有效性;要验证专业的质量保证体系是否持续满足内部和外部的质量标准和要求;要及时发现问题,采取纠正或预防措施,使质量保证体系不断完善、不断改进。同时,不可偏离产教融合、校企合作的企业主体作用,充分彰显职业性和实践性。三是强调针对性。用自己的"尺子"量自己的"个子"。专业建设没有统一的标准,要建立一个与之相适应的质量保证体系,保证标准所期望的质量。四是强调发展性。不论是专业"自我体检",还是专家"把脉",目的不是去"揭"专业的"伤疤",而是一起商量如何"治病"或"保健"。五是强调实证性。用事实说话,这是专业建设的基本特征。不管是自我剖析的专业情况分析报告,还是专家评估指导报告,都要摆事实。这些事实依据可以是定量的,也可以是定性的。

专业建设创新是专业发展根本保障,是学校竞争力的核心。只有把专业建设好了,学校整体办学水平才会上到一个新的台阶。编者及团队成员正是秉承这一理念,用十多年时间把专业建设成了区域内有影响的品牌专业。

借此,对直接参与专业建设的团队教师、企业人员、辅导员的辛勤付出表示由衷感谢! 向一直关心防火管理专业建设的各界人士表示衷心谢意!

编 者